ESSAI

SUR LES

EAUX MINÉRALES FERRUGINEUSES

DE CHARBONNIÈRES,

PAR LE DOCTEUR LOUIS COLRAT,

Médecin-Inspecteur desdites Eaux, Médecin de l'Hôtel-Dieu
de Lyon.

LYON,

IMPRIMERIE DE J.-M. BAJAT PÈRE, FILS ET C°,

cours de Brosses, 8,

A LYON (GUILLOTIÈRE).

—

1852.

Te 163
530

ESSAI

SUR LES

EAUX MINÉRALES FERRUGINEUSES

DE CHARBONNIÈRES,

PAR LE DOCTEUR LOUIS COLRAT,

Médecin-Inspecteur desdites Eaux, Médecin de l'Hôtel-Dieu
de Lyon.

LYON,
IMPRIMERIE DE J.-M. BAJAT PÈRE, FILS ET C°,
cours de Brosses, 8,
A LA GUILLOTIÈRE.
—
1852.

AVANT-PROPOS.

Les bruits les plus compromettants , sur la vertu des eaux minérales de Charbonnières , circulent dans le public lyonnais, depuis un certain nombre d'années, et n'ont pas peu contribué à diminuer la confiance que les malades avaient dans l'action curative de ces eaux. D'après ces bruits , activement propagés et grossis , surtout par la malveillance de certains détracteurs , les eaux de Charbonnières auraient perdu leur énergie primitive ; et leurs propriétés , qui , dès le principe , s'étaient manifestées d'une manière si évidente par la guérison d'un grand nombre de maladies plus ou moins rebelles aux ressources ordinaires de la médecine , seraient aujourd'hui singulièrement affaiblies et presque nulles.

De semblables accusations ont éveillé la sollicitude de l'administration qui , dans l'intérêt des malades, autant que dans son intérêt propre , a provoqué l'examen des hommes de l'art , chargés par elle de vérifier ce qu'il pouvait y avoir de fondé dans des imputations d'une nature aussi grave , et de faire la part de ce qui était le fruit de la malveillance et de l'exagération. D'après les conseils du docteur Glénard, habile chimiste, auquel a été confiée l'analyse des eaux minérales , des changements très importants viennent d'être opérés au niveau de la source , au point même de son émergence. Voici en quoi ils consistent :

Jusqu'ici , depuis environ sept années , époque à laquelle a été construit l'établissement des bains de Charbonnières , les eaux , à leur sortie du rocher , étaient reçues dans un réservoir entièrement à découvert , et soumis à l'action de l'atmosphère , ayant un mètre quarante centimètres de hauteur , sur une circonférence d'environ quatre mètres. Le tuyau en fonte , qui conduit l'eau à la fontaine où le public vient la puiser , pénétrait tout-à-fait au niveau supérieur du bassin. Cette disposition , jointe à la trop grande capacité du réservoir , en permettant le séjour prolongé de l'eau dans son intérieur , favorisait sa décomposition , provoquée déjà par l'influence incessante de l'air atmosphérique ; et , comme l'eau ferrugineuse est , de toutes les eaux minérales , celle qui se trouble le plus promptement , et fournit le plus de dépôt , il en résultait qu'une portion du bassin était occupée par une grande quantité de matière sablonneuse , rougeâtre , contenant elle-même une abondante partie des principes minéralisateurs, et que l'eau destinée aux buveurs leur arrivait plus faible et moins riche en éléments chimiques.

Une autre cause également puissante d'altération était la présence de deux sources d'eau douce qui venaient verser leurs produits dans le même reservoir ; et, par leur mélange , contribuaient encore à diminuer l'activité de l'eau ferrugineuse.

Ces fâcheuses dispositions n'existent plus aujourd'hui. L'eau minérale de la source est complètement isolée des deux sources d'eau douce. Celles-ci s'écoulent séparément et sans se mêler avec elle. Le bassin dans lequel elle pénètre d'abord est singulièrement rétréci dans un espace n'ayant que soixante centimètres de

long , sur une largeur de trente centimètres. La paroi
supérieure est entièrement fermée par une maçonncric
en beton , de telle sorte que l'eau n'est plus soumise à
l'action de l'air extérieur. De cette manière , l'eau minérale , transmise à la fontaine , à mesure qu'elle
s'échappe de la source , et , n'ayant pas le temps de
séjourner, ne fournit presque pas de dépôt, et peut
être bue dans toute sa pureté et sans avoir perdue
aucun de ses principes médicateurs.

Cette modification , en rendant à l'eau de Charbonnières toute son énergie primitive, me paraît destinée à
produire les meilleurs résultats thérapeutiques. Ses
effets, mieux appréciés du public des malades, et
principalement des médecins , contribueront , sans
doute , à augmenter la confiance qu'on doit avoir dans
ses propriétés d'ailleurs incontestables.

CHAPITRE I.

Essai sur les Eaux minérales ferrugineuses de Charbonnières.

Depuis quelque temps l'attention du monde médical semble être plus particulièrement fixée sur les eaux minérales. Leur étude, mieux approfondie, et entièrement basée sur l'observation des faits, a donné naissance à de nombreux écrits publiés en France et à l'étranger. Parmi les ouvrages qui ont paru dans ces dernières années, quelques uns se distinguent surtout par un esprit d'analyse et de saine critique, qui marque les progrès réels que la thérapeutique des eaux minérales a accomplis. Déjà riches de faits qui témoignent des guérisons inespérées pour lesquelles les ressources ordinaires de la matière médicale sont souvent inefficaces, les annales de la médecine voient chaque jour augmenter le nombre des observations touchant les maladies de natures diverses, qui sont heureusement modifiées par l'action des eaux minérales. Ce travail, dû tout entier aux efforts persévérants des médecins qui dirigent la plupart des établissements de ce genre, a puissamment contribué à populariser l'action médicatrice de ces eaux , et lui assigne une place importante dans la thérapeutique générale.

Au milieu de ce mouvement presque universel , et de cette lutte d'émulations , qui expliquent et justifient si bien la grande affluence des malades qui se rendent dans ces établissements , il est difficile de comprendre pourquoi celui de Charbonnières n'a pas encore acquis le degré de prospérité auquel sont parvenues tant d'autres eaux minérales , moins importantes en réalité , alors surtout qu'il réunit toutes les conditions hygiéniques et médicales , qui assurent l'efficacité de ses eaux. En effet, parmi les sources d'eaux minérales ferrugineuses , il en est peu qui contiennent une proportion aussi considérable de fer, et dont les principes minéralisateurs présentent , par leur nombre et leur combinaison chimique , des propriétés aussi puissantes et aussi actives.

Pourquoi donc , avec de tels éléments de succès , la source de Charbonnières , appréciée seulement dans le cercle étroit de la localité, n'a-t-elle pu jusqu'ici obtenir les bénéfices d'une réputation , qui devrait lui être justement acquise.

Parmi les causes qui ont agi d'une manière défavorable sur les destinées de cette source, la plus puissante est, sans contredit , le défaut de publicité scientifique. En effet , depuis près de quatre-vingts ans que ces eaux ferrugineuses ont été découvertes par le curé Marsonnat, deux écrits seulement ont été mis au jour dans ce long intervalle. Le premier remonte à la fin du dernier siècle ; il a été publié par ce respectable ecclésiastique, dans une brochure remarquable pour l'époque où elle a été écrite , mais qui est restée trop en arrière des progrès accomplis par l'étude de la chimie, et, surtout, par celle de la thérapeutique minérale.

La seconde publication, due au docteur Finaz, inspecteur de l'établissement, date de l'année 1828; elle a pour titre : *Manuel des eaux minérales de Charbonnières*. Ce mémoire, beaucoup plus complet que le précédent, et dans lequel on retrouve les qualités qui distinguent cet habile praticien, renferme d'excellentes remarques sur les propriétés physiques et l'action physiologique des eaux ferrugineuses.

La partie thérapeutique est aussi très longuement exposée, et semée d'un grand nombre d'observations de maladies traitées, et pour la plupart guéries, par l'usage de ces eaux. Enfin, ce travail contient d'excellents conseils et de judicieux préceptes sur les règles à suivre, et la conduite à tenir pendant tout le temps que dure le traitement.

Depuis l'apparition de ce mémoire, qui compte déjà vingt-quatre années d'existence, aucune autre production scientifique importante n'a été publiée ; et cependant il n'est pas douteux que le secours des eaux de Charbonnières ait été réclamé depuis lors pour des affections autres que celles indiquées par le docteur Finaz. Beaucoup d'observations intéressantes eussent pu être ajoutées à celles qu'il a lui-même rapportées. Aussi, dans l'état actuel, et avec les progrès du temps, cette lecture reste insuffisante pour les malades et surtout pour le médecin.

Une lacune principale se remarque dans ce mémoire, c'est l'absence complète de toute analyse chimique ; celle-ci eût cependant été bien nécessaire pour suppléer ce qu'avait d'incomplet la première analyse faite par le curé Marsonnat. Certes, la connaissance exacte des

principes minéralisateurs, considérés dans leur quantité
et dans leur combinaison chimique , ne saurait faire
apprécier les rapports rigoureux de cause à effet, qui
existent entre le médicament et son action intime sur
l'économie morbide ; sans doute aussi , comme l'a dit
Chaptal, d'une manière un peu trop laconique et exclu-
sive : « En analysant les eaux minérales , on dissèque
leur cadavre. » Toutefois , on ne saurait nier l'avantage
et l'utilité qu'on peut retirer d'une analyse faite avec
exactitude. Outre qu'elle peut indiquer *à priori*, et
d'une manière générale, les diverses affections auxquelles les eaux conviennent, elle sert aussi de guide à l'observation médicale qui a pour objet de déterminer avec
précision les indications spéciales à remplir , et de
régler toutes les conditions hygiéniques qui favorisent
l'action curative des eaux minérales.

C'est sans doute à cette absence presque complète
d'analyse qu'il faut attribuer le défaut d'exactitude et
de précision dans la détermination des cas auxquels ce
traitement peut être appliqué. En effet , parmi les
observations renfermées dans le mémoire du docteur
Finaz, et décrites d'ailleurs avec un soin qui décèle une
longue habitude pratique , les indications ne sont pas
déduites avec assez de netteté ; il règne un peu
d'obscurité et de confusion dans l'ordre et le classe-
ment des maladies qui réclament le secours des eaux
minérales ferrugineuses , en sorte qu'il est difficile de
saisir au juste en quoi consiste leur vertu principale, et
quel est le caractère essentiel de leur mode d'action.

Pour remplir ces lacunes presque inévitables dans un
mémoire qui remonte à une époque déja ancienne, et
séparée de la nôtre par une période de vingt-quatre
années , pendant laquelle les sciences chimique et

thérapeutique des eaux minérales ont fait de grands progrès , j'ai cru que l'exposition de nouvelles études médicales sur la source de Charbonnières devait être précédée d'une analyse chimique exacte. Pour justifier ma nouvelle position de médecin inspecteur, et imprimer à ce premier travail un cachet d'utilité pratique qui le fît accepter de tous , j'ai dù invoquer le savoir d'un honorable confrère et ami. Cette analyse est due tout entière aux soins du docteur Glénard, professeur de chimie à l'école secondaire de médecine de Lyon, qui a bien voulu me prêter le secours de son expérience et de ses lumières. Sa position scientifique et son habileté bien connues sont très propres à rassurer sur l'exactitude et la fidélité des expérimentations.

L'analyse chimique est d'ailleurs faite aujourd'hui dans les conditions les plus favorables, grâce aux changements indiqués dans l'*Avant-Propos*. Elle aura pour résultat de rendre aux eaux de Charbonnières le dégré d'estime et de confiance , qu'elles n'auraient jamais dù perdre, et qu'elles méritent à si juste titre.

En publiant cet essai , mon intention n'est pas de faire un ouvrage *ex professo* sur les eaux ferrugineuses de Charbonnières ; le temps et les observations me manquent pour accomplir ce travail dès à présent. Le but spécial que j'ai voulu atteindre aujourd'hui est de faire connaître d'une manière précise les principes minéralisateurs qui entrent dans la composition de ces eaux , et de présenter dans un ordre , et suivant une méthode convenable, toutes les espèces de maladies qui réclament spécialement le secours de leur action médicatrice.

CHAPITRE II.

Charbonnières.

La commune de Charbonnières se trouve placée à une distance de huit kilomètres de Lyon, sur le trajet, et à quelques centaines de pas seulement, de la grande route de Paris par le Bourbonnais.

Le village est situé dans un vallon qui se dirige obliquement du sud au nord-ouest, et va toujours en se rétrécissant jusqu'à la Source même où il se termine. Il est borné à l'est par un coteau très fertile, dont le penchant est couvert de vignes et de prés d'une riche verdure, et dont le sommet, couronné par un grand nombre de jolies maisons de campagne, offre une gracieuse perspective. En face du coteau s'étalent de larges et belles prairies, séparées du village par un ruisseau qui s'écoule entre deux rangées d'arbres sous lesquels on peut goûter les douceurs d'un frais ombrage.

La source d'eaux minérales, occupe l'extrémité nord du vallon, et est creusée dans l'épaisseur du rocher qui la fournit. Autrefois, complètement mise à découvert, et protégée seulement par une levée en pierre d'une grande hauteur, elle était exposée, pendant les grandes crues, à voir les eaux pluviales se mêler avec elle et altérer ses propriétés spécifiques. Ce danger n'est plus à craindre aujourd'hui.

Profondément cachée sous une voûte formée par le rocher lui-même et entièrement à l'abri de l'air extérieur, elle est située derrière l'établissement des bains. Celui-ci, dont la construction récente est due aux soins de M. de Laval, est adossé contre la source, et renfermé dans une sorte de fer à cheval, dont le milieu est représenté par l'immense rocher d'où s'échappe l'eau minérale, tandis que les deux côtés sont formés par des masses de roches irrégulières dans les inégalités desquelles est creusé le lit de deux ruisseaux qui viennent se réunir, après un court trajet, en avant de l'édifice, et confondre leurs eaux avec celles de la source qui ont déjà servi à l'usage des baigneurs. Ces ruisseaux, presque entièrement à sec pendant les fortes chaleurs de l'été, sont entretenus par les eaux pluviales, recueillies principalement au pied de deux collines, situées à environ quatre kilomètres au nord de Charbonnières ; aussi, dans les temps d'orage et après les grandes pluies, elles forment des cascades bruyantes d'un aspect très pittoresque.

Tous ces rochers sont composés de matière granitique et font partie de cet énorme filon, qui se dirige du nord au sud-ouest, et s'observe dans plusieurs communes du département du Rhône, et notamment dans celles du Mont-d'Or, Dardilly, Charbonnières, Marcy-le-Loup et Soucieux. Elles sont aussi de même nature que les masses rocheuses sur lesquelles coule la Saône depuis Pierre-Scise jusqu'au pont du Change.

On ne connaît pas le point précis où cette source prend naissance. On a pensé qu'elle procédait d'une

petite colline qu'on aperçoit à cent pas environ de la fontaine. Sa température froide semblerait indiquer qu'elle
provient d'un foyer plus éloigné, et que c'est pendant ce
parcours qu'elle perdrait son calorique, avant d'arriver
à la surface du sol.

L'établissement représente un édifice d'assez jolie apparence, dont les dispositions, vu l'état des lieux, ont été
très convenablement réglées pour sa destination. Sans
avoir des proportions colossales, il est assez vaste pour
qu'on puisse donner vingt-quatre bains à la fois, indépen-
damment des bains de vapeur et des douches de plusieurs sortes. Il est composé de deux étages.

En bas, et dans le milieu, est une salle assez spa-
cieuse, espèce de vestibule dans lequel on pénètre par
trois larges portiques, et qui sert de salle d'attente aux
baigneurs. De chaque côté sont disposés les cabinets
pour les bains ordinaires. Derrière se trouve la fontaine
où les buveurs viennent prendre eux-mêmes l'eau
ferrugineuse ; sur le même plan sont établis plusieurs
grands réservoirs dont l'eau se renouvelle fréquemment
et sert à l'usage des bains.

Au premier étage est un grand salon, convenablement meublé, où les malades peuvent se livrer à la
lecture des journaux et au plaisir de la musique ; un
piano est mis, à cet effet, à la disposition des amateurs.

Cet établissement offre, pour le traitement des
diverses maladies, des ressources précieuses qui n'existaient pas auparavant. Autrefois, en effet, le traitement
consistait dans l'ingestion seule de l'eau minérale,
prise à la source, et dans des conditions qui n'étaient pas
toujours favorables. Les malades étaient presque complètement privés de bains ; ou bien ceux-ci, pris à
domicile, n'étaient accessibles qu'a un petit nombre de

personnes , à cause des difficultés qu'on éprouvait à transporter l'eau de la source dans les hôtels, ce qui en augmentait singulièrement le prix. Aujourd'hui , ce genre de médication , d'une efficacité si grande dans bien des cas , se trouve à la portée de tous les malades. Grâce à cette amélioration , les bains peuvent être pris avec l'eau ferrugineuse elle-même , qu'on mélange avec une certaine quantité d'eau ordinaire , dont la température est élevée, à l'aide d'une machine à vapeur, au degré convenable au genre et à la nature des maladies.

Au devant de l'édifice est une vaste enceinte de la forme d'un quadrilatère allongé , faisant partie de l'établissement , entourée d'une barrière protectrice , et couverte de jeunes plantations d'arbres , qui , dans un temps prochain , feront de cette cour une nouvelle salle d'attente beaucoup plus grande et plus agréable pour les nombreux malades , qui , plusieurs fois par jour, viennent rendre visite à la fontaine. Cette enceinte est précédée elle-même d'une large et belle allée , ombragée par de grands arbres et servant de promenade aux buveurs.

M. de Laval, à qui sont dues toutes les améliorations acquises à la sources des eaux minérales , et qui ne néglige aucune des occasions qui peuvent servir à la prospérité de l'établissement , s'occupe en ce moment même d'un projet, dont la réalisation sera pour les malades un nouvel élément de bien-être et de plaisir. Dans sa généreuse sollicitude , et guidé par le seul amour du bien , il se dispose à céder au directeur des Eaux une certaine étendue de terrain , faisant partie du magnifique bois qu'il possède dans son beau domaine. Ce terrain représente un large plateau de verdure , immédiatement situé au dessus de la source et couvert de pins et de chênes, dont l'épais feuillage permettra aux baigneurs de se reposer pendant les grandes chaleurs du jour. L'administration, heureuse de la promesse de cette concession, espère de pouvoir l'utiliser dans l'intérêt du public, en établissant un pavillon de retraite, et, sans doute aussi, un petit gymnase, où l'on pourra se livrer aux exercices du corps, dont l'action est si efficace dans le traitement de certaines affections.

A droite de l'établissement des bains, et au dessus des rochers, au milieu desquels coule le principal ruisseau, s'élève le château de Laval, superbe habitation qui domine tout le village de Charbonnières et présente, dans un immense horizon, la vue des paysages les plus variés.

Le château ne paraît pas être d'une date très ancienne, et il n'existe pas, je crois, de documents authentiques qui lui assignent une importance traditionnelle. Toutefois, son histoire n'est pas complètement dépourvue d'intérêt et de curiosité. Je sais même, grâce à une confidence intime, quelques détails qui pourraient naturellement trouver place dans ce recueil ; mais je respecte trop les droits et la propriété d'autrui pour me permettre la moindre indiscrétion. Je laisse à un littérateur, homme de goût, le soin d'initier le public aux secrets de légendes et de chroniques, qu'il se propose de publier bientôt, et dont la lecture promet d'être des plus intéressantes.

Telle qu'elle est, la position géographique de Charbonnières offre aux malades, qui viennent réclamer le secours de ses eaux, un séjour agréable et des distractions variées, bien propres à favoriser leur action curative. Un air vif et pur, des sites pittoresques, des

habitations saines et commodes , de nombreux hôtels ,
dont la plupart , à défaut d'élégance, se distinguent par
une grande propreté , et dans lesquels on trouve tout le
confortable que peut offrir une honnête et bienveillante
hospitalité , tout concourt à entourer les baigneurs des
conditions hygiéniques les plus salutaires.

Enfin, en dehors même de Charbonnières , et à un
kilomètre de distance environ du village, le joli
bois de l'Etoile , si connu des promeneurs , est encore
une source de plaisirs à ajouter à ceux que j'ai déjà
indiqués.

CHAPITRE III.

Propriétés physiques et chimiques des Eaux de Charbonnières.

La découverte des eaux minérales de Charbonnières remonte à l'année 1774. Elle a été faite par M. Marsonnat, curé de cette commune. Rien de plus intéressant que l'histoire de cette découverte, racontée par ce respectable ecclésiastique, avec une bonhomie touchante et une piquante naïveté, qui décèlent le véritable homme de bien.

C'est à l'occasion d'une épizootie, qui ravagea plusieurs provinces de la France, dans l'année 1773, que M. Marsonnat fit ses premières observations. Voici dans quels termes il l'expose lui-même dans sa brochure :
« L'épizootie s'étendit, au mois d'août de ladite année,
» dans les environs de Lyon. Le nombre des bœufs et
» vaches, dans le canton de Charbonnières, était de
» cent vingt-trois. Cent douze furent attaqués de l'épi-
» démie, sept guérirent, cent cinq périrent ; les onze
» autres, qui étaient au moulin de Laval, près de la
» source minérale, et qui n'ont eu d'autre eau pour
» boire, furent préservés de l'épizootie.

» Quinze années après, en 1788, le directeur des

» diligences de Lyon à Paris envoyait, tous les matins,
» des chevaux attaqués du farcin , on les forçait à boire
» l'eau minérale, en les privant de toute autre boisson ;
» ces chevaux guérirent. »

Les faits relatifs à la première épizootie, bien dignes de fixer l'attention d'un aussi judicieux observateur, lui inspirèrent l'idée de faire l'analyse de ces eaux ; et, sur la fin de 1774, il se livra à quelques expériences, de concert avec monsieur Lanoix, pharmacien de Lyon.

Plus tard , en 1791 , M. Carlhant , pharmacien de la même ville , publia une nouvelle analyse des eaux de Charbonnières ; et les résultats qu'il obtint, à peu près semblables à ceux déjà obtenus par le curé Marsonnat , furent confirmés quelques années après par M. Deschamps, maître en pharmacie.

En 1843, M. Ormancey, avantageusement connu par quelques travaux de botanique et de chimie , s'est livré à des expériences sur les eaux minérales de Charbonnières. Il n'a fait l'analyse chimique qu'au point de vue qualitatif, et s'est spécialement occupé de la glairine. Ses observations , très remarquables d'ailleurs , sont consignées dans une courte notice, qui a paru dans la *Gazette médicale de Lyon* ; voici comment il considère ce dépôt glarineux :

La glairine se trouve en très grande abondance dans les eaux de Charbonnières. Sa couleur est ochracée, sa forme floconneuse , son odeur nulle ; soumise à l'action du calorique , elle répand une odeur de corne brûlée. Elle contient en dissolution une notable quantité d'oxide de fer qu'elle précipite au repos. Cette substance est d'une nature complexe , et renferme les éléments des êtres organisés. Ces éléments , que M. Bory Saint-

Vincent range dans le genre *anabaina* , ont été parfaite-
ment observés par monsieur Ormancey , qui en décrit
les caractères anatomiques.

Toutefois les chimistes ne sont pas d'accord sur
l'origine de ce produit. L'auteur de la notice pense que
la glairine , formée par un travail d'élaboration spéciale
dans le sol où les eaux minérales prennent naissance,
dissout et soutient les sels ou les oxides à l'état où on les
trouve dans ces eaux.

L'action thérapeutique des eaux minérales est d'autant plus active, qu'elles contiennent une plus grande
quantité de glairine ; mais, lorsque celle-ci précipite
sous forme de dépôt, l'eau perd une bonne partie de
ses sels et de ses oxides, et, par suite, ses propriétés
médicamenteuses sont considérablement diminuées.

Cette dernière remarque est très favorable aux eaux
de Charbonnières ; on doit leur reconnaître en effet
beaucoup d'activité et d'énergie , puisque la glairine y
est très abondante et qu'elle n'a point encore formé
de dépôt lorsqu'elle est livrée aux buveurs.

Tel était l'état de la question au moment où j'ai été
appelé à m'occuper des eaux minérales de Charbonnières. Les analyses chimiques, faites à une époque déjà
très ancienne , restaient insuffisantes et incomplètes en
ce qu'elles ne comprenaient pas toutes les substances
minéralisatrices contenues dans l'eau de la source ; et
surtout aussi en ce qu'elles indiquaient d'une manière
inexacte leurs doses spécifiques. Il était indispensable
de la soumettre à une nouvelle analyse , réunissant
toutes les conditions qui en assurent la parfaite exactitude. C'est dans ce but que je me suis adressé à un
homme spécial , à M. le docteur Glénard. Je lui cède la

parole pour l'exposition de ses expériences et de ses procédés (1).

(1) Ce travail était déjà presque entièrement terminé lorsque parut, l'année dernière, une brochure de M. Vézu contenant l'analyse des eaux de Charbonnières. Cette analyse diffère un peu de celle qui a été faite par M. Glénard ; les différences sont relatives aux quantités spécifiques. Mais ce qui distingue surtout celle qui est présentée aujourd'hui dans ce mémoire, est la présence d'une quantité assez notable de bi-carbonate de soude. Cette substance avait été jusqu'ici méconnue par tous les précédents expérimentateurs ; elle a échappé aussi à l'analyse de M. Vézu.

Il est probable que ces différences tiennent aux circonstances favorables dans lesquelles M. Glénard a opéré, c'est-à-dire aux changements qu'on a exécutés au niveau même de la source, et desquels il résulte que l'eau minérale, au moment où on peut la recueillir, n'a subi aucune altération, et renferme encore tous les principes qui la constituent, et dont elle était privée en partie avant les récentes modifications.

ANALYSE

DE L'EAU MINÉRALE FERRUGINEUSE DE CHARBONNIÈRES.

Examen de l'Eau à la Source.

CARACTÈRES PHYSIQUES.

L'eau se rend directement du rocher dans un tuyau d'où elle s'écoule incessamment par trois robinets qui versent environ 1700 litres par heure.

Elle possède les propriétés physiques inhérentes aux eaux de source en général ; mais elle a de plus certains caractères qui dénotent promptement sa nature minérale.

Température. — La température de l'eau de Charbonnières peut, à bon droit, être considérée comme fixe. Des observations thermomètriques nombreuses, prises dans des saisons différentes et à des époques très éloignées, ont donné des résultats presque identiques. Ainsi, le curé Marsonnat lui a trouvé, en 1774, une température de $+ 9°$; le thermomètre placé à l'extérieur marquait $+ 29°$. Pour nous, qui l'avons examinée à deux reprises différentes, en janvier 1851, et dans le mois de mai de la même année, après une série de jours de pluie, nous lui avons trouvé $9°° 5$, la première fois ; et $9°° 8$ la seconde ; la température ambiante était, en janvier, de $+ 7°$; et en mai de $+ 15°$. Cette eau possède donc, comme les eaux de source, une température propre, invariable et indépendante des circonstances atmosphériques.

Aspect. — L'eau de Charbonnières, recueillie dans un verre, est d'une limpidité parfaite, tout-à-fait incolore; quelquefois, cependant, elle est légèrement opaline, caractère qu'elle doit, sans doute, à une petite quantité de soufre en suspension, provenant de la décomposition de la faible proportion d'acide sulfhydrique qu'elle contient.

Si on la laisse séjourner quelque temps dans le verre, au contact de l'air, elle conserve assez longtemps sa première apparence; cependant quelques bulles de gaz, adhérentes d'abord aux parois du verre, s'échappent bientôt; au bout de quelques heures, la masse liquide se trouble, des flocons blancs-jaunâtres, légers, s'en séparent et nagent dans son sein; l'eau devient louche, d'une couleur ocreuse; si on l'agite, sa surface se couvre d'une pellicule légère et irisée; elle est alors en partie décomposée. Quelques-uns de ses principes, primitivement dissous, en raison de certaines conditions particulières du milieu originel, ont subi, au contact de notre atmosphère, des transformations qui les ont rendus insolubles. Le dépôt, qui se forme ainsi dans un verre, est de même nature; il est dû aux mêmes causes que celui qu'on remarque sur le sol, mais bien plus abondamment dans tous les lieux que l'eau a parcourus.

Les mêmes phénomènes se passent encore, mais plus lentement dans l'eau conservée, à l'abri de l'air, dans des vases hermétiquement fermés; au bout de quelques jours, l'eau a déposé une partie de ses principes constituants, et elle a perdu ainsi ses principales propriétés.

Cette manière de se comporter de l'eau de Charbonnières , soit dans son trajet au contact de notre atmosphère, soit lorsqu'elle est abandonnée au repos dans un
vase, suffit déjà pour caractériser sa nature. Ces dépôts
ocreux n'indiquent-ils pas , en effet, une eau ferrugineuse? La manière dont ils se forment ne laisse-t-elle
pas préjuger l'état dans lequel l'eau les tenait en dissolution. Ces caractères n'appartiennent pas en propre à
l'eau de Charbonnières , mais à toutes celles qui contiennent du protoxide de fer dissous à la faveur de
l'acide carbonique.

Odeur. — Lorsqu'on approche de la source, on per-
çoit nettement une légère odeur d'œufs pourris, évidemment due à une certaine quantité de gaz acide sulfhydrique , dégagée par l'eau minérale à mesure qu'elle
arrive à l'air. On constate , du reste , facilement que
cette odeur provient réellement de l'eau minérale ; il
suffit pour cela d'en recueillir dans un verre conique,
d'appuyer sur celui-ci la paume de la main , pour en
fermer l'ouverture, d'agiter vivement, puis d'approcher
le nez de l'orifice du verre en le débouchant. Toutefois
cette odeur disparaît promptement , par suite de la
décomposition du gaz hydrogène sulfuré au contact de
l'air.

Saveur. — L'eau de Charbonnières possède une
saveur tout-à-fait caractéristique qui ne permet pas de
méconnaitre sa nature. Goûtée avec précaution, on lui
trouve d'abord une saveur légèrement hépatique, due à
cette petite quantité d'hydrogène sulfuré que l'odorat
dénonce le premier ; puis , se développe franchement
cette saveur styptique , atramentaire , ce goût d'encre ,
comme on dit vulgairement, qui accuse la présence du
fer en dissolution.

Ces différents caractères, tout extérieurs qu'ils soient, sont cependant assez saillants pour faire ressortir la nature minérale de la source de Charbonnières. Du reste, on verra qu'ils sont en parfaite harmonie avec les résultats de l'analyse chimique.

CARACTÈRES CHIMIQUES.

1° Recherche des produits gazeux.

Acide sulfhydrique. — L'odeur, la saveur de l'eau de Charbonnières annoncent, comme nous l'avons dit, qu'une certaine quantité d'hydrogène sulfuré doit s'y trouver en dissolution ; on s'attend dès-lors, en la mettant en contact avec certains agents chimiques, à voir apparaître les réactions caractéristiques de l'acide sulfhydrique : nullement. Les réactifs ordinairement si sensibles du chimiste sont vaincus par les organes du goût et de l'odorat. Cependant voici quelques expériences qui appuyent les données des sens.

Une pièce d'argent, mise en contact avec l'eau de la source pendant quelques heures, finit par prendre une teinte brune due à la formation d'un sulfure d'argent.

Dans un verre à pied j'ai mis quelques gouttes d'ammoniaque ; puis j'ai rempli le verre avec l'eau minérale ; l'acide sulfhydrique a dû être immédiatement fixé par l'alcali; j'ai introduit dans le liquide alcalin une goutte de sous-acétate de plomb ; il s'est formé un précipité grisâtre, au lieu du précipité blanc qui se forme dans l'eau non additionnée d'ammoniaque. Cette réaction indique bien la formation d'un peu de sulfure de plomb.

Si on traite une petite quantité d'iodure bleu d'amidon par l'eau de la source, celui-ci ne tarde pas à se décolorer ; cette réaction est bien due à l'acide sulfhydrique ; on sait en effet que ce corps décompose immédiatement l'iodure d'amidon, en se décomposant lui-même, de manière à produire de l'acide iodhydrique, du soufre et de l'amidon.

Il résulte de ces essais qu'il existe réellement dans l'eau de Charbonnières de l'acide sulfhydrique, mais en quantité si faible, que, à peine appréciable à l'aide des réactifs chimiques, il doit échapper à l'analyse quantitative.

Air et acide carbonique. — J'ai rempli exactement avec l'eau de la source un ballon de la capacité de un demi litre ; j'y ai adapté un bouchon traversé par un tube propre à recueillir les gaz. L'extrémité de ce tube plein d'eau lui-même, a été engagée sous une cloche pleine de mercure. Le ballon a été chauffé, et le liquide porté à l'ébullition ; il s'est dégagé une certaine quantité de gaz. Une partie de ce gaz a été absorbée par la potasse, ce qui indiquait la présence de l'acide carbonique. La partie non absorbée a été reconnue composée d'azote, et d'une très petite quantité d'oxigène.

2° Recherche des matières fixes.

Action des réactifs.

Cyanure jaune de potassium et de fer. — La réaction est peu sensible au premier moment ; mais peu à peu la liqueur devient bleuâtre.

Cyanure rouge. — Coloration bleu foncé immédiate.

Sulfhydrate d'ammoniaque. — Coloration et précipité noirs sur le champ.

Chlorure d'or. — Coloration bleu foncé immédiate.

Ammoniaque. — Coloration jaunâtre immédiate , mais pas de trouble , si ce n'est au bout de quelque temps.

Tannin. — Ne produit immédiatement aucune réaction ; mais si on abandonne le mélange à l'air, il se colore peu à peu jusqu'au noir bleu.

Teinture de bois d'Inde. — Coloration bleue presque immédiate.

Ces réactions démontrent que l'eau de Charbonnières est incontestablement ferrugineuse.

Azotate d'argent. — Une goutte de ce réactif produit d'abord un nuage blanc, indice des chlorures ; mais en agitant il se forme une coloration brune, subite, qui se fonce rapidement, et passe au noir. Ce dernier phénomène est dû à la réduction de l'oxide d'argent en argent métallique par le protoxide de fer, sous l'influence d'une matière organique particulière. Cette réaction nous apprend donc que l'eau de Charbonnières contient une quantité notable de chlorure en même temps qu'une matière organique.

Chlorure de barium. — Ce réactif additionné d'une goutte d'acide chlorhydrique, ne produit immédiatement aucun effet ; c'est à peine , si, au bout de quelques heures, on peut apercevoir un trouble infiniment peu marqué. Il est évident par cette réaction que l'eau de Charbonnières ne contient que des traces de sulfate, ce qui est assez habituel aux eaux qui sourdent des terrains granitiques.

Oxalate d'ammoniaque. — La solution de ce sel produit dans l'eau un trouble blanc, peu abondant, qui atteste la présence de la chaux.

J'ai fait encore à la source un grand nombre d'essais, je ne les mentionnerai pas, parce que leurs indications sont beaucoup moins précises ; mais pour arriver à déterminer la nature des autres principes contenus dans l'eau minérale, j'ai recueilli celle-ci dans des bouteilles bien lavées, que j'ai transportées dans le laboratoire de l'école de médecine, et je l'ai soumise à de nouvelles recherches dont le détail sera rapidement exposé.

J'ai évaporé doucement, dans une capsule de porcelaine bien propre, quatre à cinq litres d'eau minérale , de manière à en réduire le volume à un demi litre environ. Pendant cette évaporation, il s'est formé un dépôt que j'ai séparé par le filtre. J'ai examiné à part le dépôt et le liquide filtré.

A. Examen du dépôt.

Ce dépôt est de couleur ocreuse, jaunâtre, léger, pulvérulent. Une petite portion, chauffée sur une lame de platine, noircit d'abord, puis brûle un peu, en répandant une odeur désagréable, ce qui fait penser qu'une partie de la matière organique s'est séparée pendant l'ébullition de l'eau. — Traité par un acide chlorhydrique ou nitrique, il produit d'abord une effervescence assez vive, due au dégagement de l'acide carbonique, et se dissout en partie.

La portion qui reste indissoute présente tous les caractères chimiques de la silice. Dans la solution filtrée on trouve de la chaux, de l'alumine, de la magnésie et du fer. Ainsi le dépôt était formé de peroxyde de fer, silice, alumine, carbonates de chaux et de magnésie, plus une petite quantité de matière organique. Il est, dès lors, infiniment probable que la chaux, le fer, la magnésie existaient dans l'eau à l'état de carbonates dissous à la faveur d'un excès d'acide carbonique.

B. Examen du liquide filtré.

Je dois entrer ici dans quelques détails sur quelques unes de ses réactions, car elles y montrent l'existence d'une matière qui avait jusqu'à ce jour échappé aux investigations chimiques, et qui cependant peut avoir, au point de vue de la thérapeutique de ces eaux, une importance assez grande, puisqu'elle permet d'en expliquer et d'en diriger l'action médicale.

Ce liquide est fortement coloré en brun-rougeâtre ; il ne contient plus de fer, il a une saveur salée prononcée. Les réactifs y démontrent la présence d'un peu de chaux, de magnésie et de chlorure. Il présente en outre les réactions suivantes :

Papier de tournesol rougi. — Il est immédiatement ramené au bleu.

Papier jaune de curcuma. — Il est coloré en rouge.

Teinture du bois d'Inde. — Une goutte prend une couleur violette.

Sulfate de cuivre. — Au bout de quelques instants le liquide se trouble, puis il se forme un dépôt léger blanc-verdâtre.

Chlorure de baryum. — Précipité blanc, soluble presque complètement dans l'acide nitrique.

Chlorure de platine. — Ne donne aucune réaction, ce qui prouve l'absence de la potasse.

Acétate de plomb. — Ce réactif produit un précipité blanc. Le précipité fait effervescence avec un acide.

Quelques gouttes de liquide évaporées dans une petite capsule de platine, laissent un résidu qui fait aussi effervescence, quand on le traite par un acide.

Une goutte abandonnée à l'évaporation spontanée sur une lame de verre, puis examinée au microscope, montre des cristaux de formes diverses, parmi lesquels on reconnaît les cubes du sel marin, et aussi, en examinant attentivement, des portions de forme rhomboédrique.

Une goutte desséchée sur la lame de platine, puis chauffée dans la flamme du chalumeau, colore celle-ci en jaune.

En rapprochant toutes ces réactions, on arrive facilement à conclure : 1° que le liquide examiné contient une substance alcaline ; 2° que cet alcali n'est autre chose que le carbonate de soude ; 5° enfin, que l'eau de Charbonnières tient en dissolution du bi-carbonate de soude, fait que je considère comme très important, et qui, je le répète, n'avait pas encore été signalé.

Résumé de l'analyse qualitative.

Il sésulte des recherches que je viens d'exposer, que l'eau de Charbonnières est minéralisée par les principes suivants :

1° *Substances gazeuses :*
Azote et oxygène.
Acide carbonique.
Acide sulfhydrique.

2° *Matières fixes :*
Oxyde de fer.
Silice.
Alumine.

Chaux.

Magnésie.

Carbonate de soude.

Chlorure de sodium.

Sulfate de chaux.

Matière organique.

Il ne suffit pas d'indiquer ainsi l'ensemble des matières qui sont en dissolution dans une eau donnée, il faut
encore chercher à les représenter sous la forme chimique qu'elles affectent réellement dans cette eau. Or ici,
il faut bien l'avouer, le chimiste se trouve souvent en
défaut, il est réduit à reconstruire sur des hypothèses
l'eau qu'il a analysée. Une eau minérale, on pourrait
dire, une eau quelconque, est un ensemble, un tout qui
a pris naissance, qui s'est formé dans des conditions
spéciales de température, de pression, dans un milieu
particulier que l'on ne connaît point, qui est certaine-
ment très différent du milieu dans lequel on l'examine
plus tard. Les forces, les causes, qui dans le sein de la terre
président à la minéralisation des eaux, ont encore quelque
chose de mystérieux que la science n'a pas suffisamment
éclairci. Quoi qu'on fasse, une eau minérale factice, malgré
tous les efforts, toutes les lumières de la chimie, n'est pas,
dans sa nature intime, dans sa composition réelle, identique à l'eau minérale naturelle qu'on a cherché à imiter.
Il y a, selon moi, une certaine analogie entre l'étude
d'une eau minérale naturelle et l'étude de certains produits provenant des êtres organisés. Ces derniers se sont
formés sous l'influence, sous la direction d'une force
spéciale, la vie, qui les maintient dans l'être vivant tels
qu'elle les a faits. Mais que la vie cesse d'agir, que ces
produits, tels que le sang, l'urine, arrivent à l'air, vous
voyez le premier se coaguler, changer d'aspect, d'état ;

la seconde se transforme aussi, abandonne un sédiment, l'acide urique, quelle ne peut plus dissoudre, privée quelle est de l'influence vitale. Il faudrait, pour bien les connaître, étudier en quelque sorte le sang et l'urine dans l'animal, sans leur ôter leur température, leur milieu, sans les soustraire à l'action de la vie. De même, pour bien connaître la nature intime d'une eau minérale, il faudrait pénétrer les mystères de sa formation, l'examiner dans son milieu, et avant qu'elle n'ait été privée des forces qui ont présidé à sa naissance. Mais il ne peut en être ainsi ; le chimiste étudie le sang sorti de la veine, le sang mort ; il étudie de même l'eau minérale à l'état de cadavre, comme l'a dit un chimiste célèbre ; il la détruit même en la touchant ; il modifie l'arrangement primitif de ses principes constituants ; sous l'action de ses agens chimiques ou physiques les divers composés contenus dans l'eau réagissent les uns sur les autres, se transforment réciproquement, et donnent lieu à de nouveaux produits qui ne représentent plus l'eau minérale dans sa constitution originelle.

Ce que je viens de dire des eaux en général, s'applique nécessairement à l'eau de Charbonnières. Quelques expériences que je pourrais citer, si je ne craignais d'avoir déjà donné trop de longueur à cette digression, me mettent dans un grand embarras pour exprimer l'état dans lequel se trouvent dissous et combinés les divers principes que l'analyse a signalés dans cette eau. Cependant, comme il faut bien leur donner une forme, je les déduirai de l'expérience suivante.

Si on évapore à siccité quatre ou cinq litres d'eau, qu'on chauffe le résidu jusqu'à 200° ; puis, qu'on reprenne par l'eau distillée, on remarque que le résidu contient le fer, la silice, l'alumine, le carbonate de chaux et de magnésie, tandis que la solution filtrée ne renferme plus que du chlorure de sodium et du carbonate de soude. Cette expérience me permet de croire avec quelque apparence de vérité que l'eau de Charbonnières est constituée par une série de bi-carbonates, du sel marin, de la silice, de l'alumine, et une matière organique, de telle sorte que je la représenterai ainsi qu'il suit :

Azote et oxigène ;

Acide sulfhydrique ;

Acide carbonique libre ;

Bi-carbonate de protoxide de fer ;

Bi-carbonate de chaux ;

Bi-carbonate de magnésie ;

Bi-carbonate de soude ;

Chlorure de sodium ;

Silicate d'alumine ;

Sulfate de chaux ;

Matière organique.

Je ne dis rien sur la nature de la matière organique dont je signale seulement l'existence ; je me propose de l'étudier plus tard d'une manière spéciale, ainsi que le dépôt qui se forme par l'altération spontanée de l'eau minérale.

A la liste précédente des principes minéralisateurs de l'eau de Charbonnières, il faut ajouter encore une matière, l'iode, qui s'y trouve en quantité infiniment petite, et dont l'existence a été, pour la première fois, constatée par un honorable pharmacien de cette ville, M. Vézu. L'iode y est en proportion si faible, que le résidu de l'évaporation de 30 litres d'eau donne à peine une légère teinte violacée, lorsqu'on l'essaye par l'amidon et l'acide nitrique. M. Vézu pense que l'iode existe dans cette eau à l'état d'iodure de fer. Cette opinion me paraît peu probable ; elle ne s'appuye d'ailleurs sur aucune preuve positive ; plusieurs faits s'opposent, au contraire, à cette manière de voir. Pour moi, l'iode ne se trouve engagé dans aucune combinaison minérale, ni avec le fer, ni avec le sodium, ni avec le magnésium ; l'iode existe en combinaison avec la matière organique. C'est cette matière, produit de la décomposition d'un végétal ou d'un animal iodé, qui renferme l'iode que l'on trouve dans l'eau de Charbonnières. Cette manière nouvelle d'envisager l'origine de l'iode dans l'eau minérale, et probablement dans beaucoup d'autres de la même nature, s'accorde avec les faits observés par M. Chatin, et desquels il résulte que l'iode existe dans une foule de plantes et de matières animales. Des considérations chimiques lui donnent, d'ailleurs, assez de vraisemblance. En effet, si on évapore, ainsi que je l'ai fait, 30 litres d'eau minérale à siccité ; puis, qu'on reprenne le résidu par une petite quantité d'eau, on ne trouve point d'iode à l'aide des réactifs les plus sensibles. Cependant, si de l'iode se trouvait primitivement dans l'eau, à l'état d'iodure de fer ou d'acide iodhydrique, on devrait le retrouver dans le résidu à l'état d'iodure de sodium, puisque l'eau de Charbonnières contient plus de carbonate de soude qu'il n'en faut pour retenir l'iode qui s'y trouve. Mais si on a la précaution d'ajouter un peu de potasse caustique à l'eau avant l'évaporation, et de calciner ensuite le résidu, on décèle facilement alors la présence de l'iode. C'est que, dans ce cas, la matière organique a été détruite et a abandonné à la potasse l'iode qu'elle contenait. C'est ainsi qu'en faisant bouillir une éponge lavée avec de l'eau, on n'y trouve point d'iode, mais, qu'après l'incinération, après la destruction de la matière organique , rien n'est plus facile que de constater la présence de cet élément. Cette opinion sur l'état de l'iode dans l'eau de Charbonnières a pour moi un haut degré de probabilité , et j'espère en donner bientôt une preuve positive, en analysant la matière organique elle-même.

ANALYSE QUANTITATIVE.

Je n'entrerai pas dans de longs détails sur cette partie de l'analyse ; il me suffira d'en consigner ici les résultats, sans indiquer pour chaque corps la méthode suivie pour en apprécier la quantité , attendu que les procédés que j'ai employés sont ceux décrits par tous les auteurs.

Dosage des matières contenues dans l'eau minérale de Charbonnières.

1000 grammes d'eau contiennent :

1° *parties volatiles :*

Acide carbonique libre	34	C cubes.
Azote	24	» »
Oxygène	1 5	»
Acide sulfhydrique	traces	

2° *parties fixes :*

Bi-carbonate de protoxyde de fer . .	0, g. 041
id. de soude	0, g. 017
id. de chaux	0, g. 050
id. de magnésie.	0, g. 006
Chlorure de sodium	0, g. 008
Alumine	0, g. 0009
Silice	0, g. 022
Sulfate de chaux.	indéterminée
Matière organique, quantité notable, mais indéterminée.	

—————————————

0, g. 1449

CHAPITRE IV.

Propriétés thérapeutiques.

S'il est une vérité unanimement reconnue aujourd'hui, c'est que toutes les eaux minérales agissent sur l'économie, en produisant une excitation générale.

L'excitation, phénomène inséparable de l'emploi des eaux, constitue donc leur puissance médicatrice.

Cette excitation, cette stimulation paraissent dues à deux causes principales : 1° à l'action exercée par l'aggrégat des principes minéralisateurs contenus dans les eaux ; 2° à la haute température de ces eaux elles-mêmes. Cette dernière action ne saurait être niée, et ressemble en tous points à celle produite par l'usage des bains de vapeur, à la suite desquels on observe constamment les phénomènes physiologiques qui constituent le caractère essentiel de l'excitation, phénomènes dus à l'influence du calorique, dont la puissance est éminemment tonique et vivifiante. Quant à l'action excitante des principes minéralisateurs, elle est tout aussi manifeste. Voici comment on peut l'expliquer : Les principes minéralisateurs ne sont pas tous assimilables ; la plupart même n'exercent sur les différents systèmes qu'une action momentanée transitoire, et sont éliminés après un temps plus ou moins long. Le travail nécessaire à leur élimination s'opère au moyen des sécrétions qui deviennent plus actives et plus abondantes, et à l'aide d'irritations substitutives qui se déclarent localement sur tel ou tel organe, ou d'une manière générale sur toute la surface cutanée, sous forme de productions éruptives de toute espèce.

Cette excitation, considérée comme effet direct et immédiat des eaux minérales, est donc principalement révulsive. La révulsion ne saurait être contestée. Elle est prouvée par la répercussion qui s'observe dans la plupart des cas. Du reste, elle agit de plusieurs manières.

Tantôt elle a lieu en produisant une surexcitation locale qui constitue l'acte révulsif, et se manifeste par l'excrétion d'une matière excrémentitielle ; tantôt elle agit d'une manière générale, en déterminant dans l'économie des changements plus ou moins apparents, et qui sont de véritables crises. Parmi celles-ci, les unes sont évidentes, appréciables pour les malades eux-mêmes, telles que : l'augmentation considérable de quelques sécrétions, l'expulsion abondante d'humeurs de diverse nature, sous forme de boutons, dartres, dépôts, etc. Les autres sont souvent imperceptibles, sensibles seulement pour le médecin, et consistent dans une surexcitation organique et vitale, manifestée par l'accélération du torrent circulatoire, par une augmentation de la transpiration, des urines, de l'expectoration, et par l'apparition de plusieurs symptômes constituant une véritable fièvre minérale.

Ces réflexions sur l'action excitante, révulsive des eaux minérales, sont-elles applicables aux eaux ferrugineuses, et spécialement aux eaux de Charbonnières ?

Il faut d'abord distinguer les eaux ferrugineuses en celles qui sont thermales, et en celles qui sont froides.

Les premières, en raison de ce qu'elles contiennent une très petite quantité de fer, ont une action peu mar

quée, analogue du reste à celle de toutes les eaux thermales, mais beaucoup plus faible.

Il n'en est pas de même des eaux ferrugineuses froides.
Elles ont une sorte de spécialité, et leur action sur
l'organisme est, à peu de chose près, la même que celle
des préparations ferrugineuses qui jouissent, comme
on le sait, d'une grande énergie. Ainsi pendant les premiers jours qui suivent l'administration de ces eaux, la
plupart des malades sont pris d'un malaise général, d'une
lassitude qui va quelquefois jusqu'à l'abattement ; ils
se plaignent d'un sentiment de pesanteur dans l'épigastre ; l'appétit est le plus ordinairement diminué ; les
digestions sont d'abord pénibles et accompagnées d'é-
ructations nidoreuses; dans quelques cas il y a diarrhée,
et parfois aussi il survient de la constipation ; les matières stercorales sont souvent revêtues d'une couleur noi-
re analogue à celle de l'encre.

Ces divers symptômes ne durent pas longtemps ; ils
sont bientôt remplacés par d'autres d'une nature toute
opposée. Il se manifeste alors un sentiment de plénitude et de pléthore. La tête est lourde, douloureuse, la
circulation plus active, le pouls plus fort, plus vibrant
et plus dur; la chaleur de la peau est plus intense et plus
sèche ; la langue se dépouille et devient rouge; ses
papilles sont plus nettement dessinées ; la muqueuse
de la bouche présente une teinte d'un rouge vif; l'arrière
gorge est le siége d'un sentiment d'astriction bien marqué. On observe souvent sur la surface du corps, et
principalement à la face et à la poitrine, des éruptions
de boutons ressemblant surtout à des pustules d'acné.

Cet état, dont la durée varie suivant les idiosyncrasies
particulières, et la nature des affections, n'acquiert pas
ordinairement une grande intensité, et il est rare qu'il

donne lieu à une véritable fièvre minérale. Il se dissipe assez rapidement, de sorte que l'équilibre est bientôt rétabli dans toutes les fonctions. A cette époque les malades éprouvent un bien-être qui augmente chaque jour, et témoigne des bienfaits dus à l'action efficace des eaux médicatrices.

Il serait oiseux de discuter aujourd'hui si le fer contenu dans les eaux minérales est véritablement absorbé, et se combine intimément avec le sang dont il augmente la coloration. Les expériences de Tiedemann et Gmelin, confirmées par celles de Brueck de Diebourg et de la plupart des modernes expérimentateurs, ne laissent aucun doute à ce sujet. Le fer entre effectivement dans la masse du sang, en devient partie constituante ; et sous ce rapport, on peut dire que les eaux ferrugineuses sont douées de propriétés thérapeutiques plus actives et plus énergiques que la plupart des eaux minérales, dont les éléments chimiques sont presque toujours inassimilables, et rendus par voie d'élimination.

Il nous reste à déterminer quelle est l'action spécifique des eaux de Charbonnières, et quelles sont les indications spéciales qu'elles sont appelées à remplir : mais auparavant je dois jeter un coup d'œil rapide sur leurs propriétés thérapeutiques générales.

Cette question est très difficile à résoudre, parce que la composition de ces eaux étant très complexe, et formée d'un grand nombre de substances minéralisatrices dont nous ignorons les conditions intimes de rapport et de combinaison, il ne nous est pas donné d'apprécier la mesure d'action que chacun de ces éléments exerce dans les effets simples ou multiples qui sont produits ; d'où il suit, ainsi que je l'ai dit dès le début, qu'il est impossible de saisir les rapports rigoureux qui existent de cause à effet entre l'eau minérale, considérée comme médicament, et l'action qui en découle. C'est ici que l'observation a besoin d'être longue, patiente, éclairée, qu'elle doit étudier avec soin les affections, analyser les divers éléments morbides qui les constituent, suivre pas à pas l'action dynamique de l'agent médicateur, pour favoriser les efforts salutaires qu'il détermine à l'aide des mouvements critiques, ou pour l'arrêter dans ses écarts, et suspendre ses effets.

Mais s'il est impossible de pénétrer et de connaître ce qu'on peut appeler la cause prochaine, essentielle de l'action des eaux minérales, au moins est-il permis d'établir d'une manière sommaire leurs propriétés thérapeuthiques générales. Ce résultat, entièrement dû à l'observation des faits, est consacré par une longue expérience pratique.

Sous ce rapport, on peut dire que les eaux ferrugineuses de Charbonnières sont éminemment toniques et fortifiantes. Elles agissent directement sur le sang auquel elles rendent les principes organisables et réparateurs dont il a été privé. Par lui elles impriment à tous les organes et à tous les tissus une vertu tonique, une vitalité nécessaires à l'activité et à l'harmonie des principales fonctions. Leur action, dans ce cas est conforme et presqu'identique à celle des médicaments analeptiques ; aussi convient-il de l'étudier dans les différents systèmes d'organes.

1° Système circulatoire.

Par l'influence qu'elles exercent sur le sang, dont elles augmentent la plasticité, et qu'elles rendent plus riche et plus vermeil, les eaux ferrugineuses modifient l'état du cœur et de tout le système vasculaire. La circulation générale devient plus active et plus régulière ; la circulation capillaire se fait aussi avec une plus grande énergie. Grâce au développement du système angéiologique, les organes reçoivent une plus grande quantité de sang ; leurs fonctions interstitielles s'exécutent d'une manière plus rapide et plus normale ; la calorification générale augmente ; la nutrition est plus complète, et les forces, auparavant languissantes, reviennent avec une certaine intensité. Aussi les eaux de Charbonnières conviennent-elles beaucoup aux tempéraments lymphatiques et scrofuleux, aux personnes chez lesquelles on observe la faiblesse des tissus, la langueur des fonctions, et la lenteur des mouvements organiques ; mais leur efficacité brille surtout dans la chlorose et l'anémie ; dans ces affections, en effet, la réparation s'opère directement et d'une manière presqu'instantanée.

2° Système musculaire.

L'action de ces eaux ferrugineuses est très manifeste aussi sur les tissus contractiles, et en particulier sur les organes musculeux. Il est vrai que cette action pourrait bien n'être que secondaire, et dépendre surtout des changements si importants survenus dans la constitution du sang, et par suite dans l'innervation. Quoi qu'il en soit, on observe bientôt une augmentation sensible dans la tonicité fébrillaire. Les fibres musculaires, relâchées et affaiblies par la diminution de l'action nerveuse, reçoivent des eaux ferrugineuses une influence stimulante qui provoque leur irritabilité, excite leurs contractions organiques, détermine leurs mouvements, et rétablit les fonctions auxquelles ces mouvements président. C'est ce qui arrive chez certaines femmes dont les menstrues sont incomplètes ou même entièrement supprimées, parce que la matrice, très faible, et frappée d'une sorte d'inertie, ne peut plus se prêter à cet état d'orgasme et de turgescence physiologique, dont le concours est indispensable pour l'établissement périodique des règles. La matrice, alors pénétrée d'un sang plus abondant et plus riche, est le foyer d'une chaleur active, d'un véritable mouvement fluxionnaire, qui détermine le molimen hémorrhagique, et facilite l'écoulement menstruel.

L'action de l'eau minérale est plus sensible encore sur les fibres musculaires du cœur. Elle modère, et surtout régularise les contractions de ce viscère, troublées et perverties par l'altération du sang, et par l'éréthysme nerveux qui en est la suite; de cette manière elle fait cesser les pulsations violentes et saccadées, qui du cœur s'irradiaient dans tout le système circulatoire, et préside à la distribution normale de tout le fluide sanguin.

Les mêmes effets se remarquent dans la vessie atteinte d'une affection catarrhale chronique. L'eau ferrugineuse, en pénétrant dans son intérieur, stimule la faculté contractile de ses fibres musculaires, favorise l'excrétion normale des urines, et, en empêchant leur accumulation, fait cesser la série des désordres morbides qui peuvent en résulter, tels que : la paralysie de l'organe, et la formation de calculs et de graviers.

L'action stimulante de ces eaux se fait aussi sentir sur les muscles de la vie animale dont elle rétablit le jeu et les forces actives.

3° Système muqueux.

Les propriétés toniques des eaux ferrugineuses de Charbonnières s'exercent encore sur les membranes muqueuses. Cette influence est surtout manifeste sur les organes digestifs. Ainsi, dans les inflammations chroniques de l'estomac et des intestins, dans les embarras gastriques anciens, dans les cas de dyspepsie, on voit souvent survenir après un court traitement une excitation qui stimule la vitalité de l'estomac ; à la suite de cette excitation l'appétit est plus grand, les digestions sont plus actives, l'assimilation des matières alimentaires devient moins laborieuse et plus complète, et les forces se rétablissent assez promptement.

Les mêmes effets s'observent aussi dans quelques cas de diarrhée séreuse qui tiennent à l'atonie de l'appareil intestinal. L'action fortifiante de l'eau ferrugineuse modifie assez rapidement alors, et régularise les sécrétions muqueuses qu'elles contribuent à rendre plus consistantes.

Les eaux ferrugineuses de Charbonnières n'agissent pas seulement comme toniques analeptiques. Elles ont aussi une propriété astringente qui est démontrée par une longue observation. Cette propriété se développe avec une efficacité marquée dans certaines ophtalmies chroniques, dans les flux muqueux anciens de la matrice et du vagin, dans les pertes blanches, alors surtout qu'elles sont liées à une faiblesse gastrique ou intestinale. Elles réussissent quelquefois aussi dans les flux gonorrhéïques qui datent de loin, et qui sont entretenus par le relâchement de la muqueuse uréthrale.

Si j'ai insisté si longuement sur l'action tonique et astringente des eaux de Charbonnières, c'est que cette action ne se manifeste jamais d'une manière aussi évidente et aussi complète que dans les maladies qui sont caractérisées par une atteinte grave, portée au principe des forces vitales, lesquelles, suivant l'expression si exacte des anciens, sont dans un état d'oppression, ou de résolution.

Mais là ne se borne pas la puissance curative de ces eaux ferrugineuses. J'aurais à mentionner encore un certain nombre d'affections dans lesquelles leur action également efficace s'exerce dans des conditions thérapeuthiques différentes. Ainsi, des guérisons multipliées attestent leurs heureux effets dans plusieurs maladies cutanées et principalement dans les dartres et les teignes de diverses espèces. Elles agissent ici en activant les fonctions de la peau, en provoquant des mouvements fluxionnaires, en déterminant des répercussions, et des actes révulsifs dont l'objet est de combattre le principe morbifique, et de favoriser son expulsion, en lui créant, au moyen de crises salutaires, une voie d'élimination naturelle.

On peut les conseiller avec fruit dans certaines affections chroniques des viscères abdominaux, dans celles surtout qui sont caractérisées par les engorgements viscéraux du foie, de la rate, du mésentère ; dans les obstructions, et notamment dans celles qui proviennent d'un désordre fonctionnel ayant son siége dans le système veineux abdominal. Dans tous ces cas, outre leurs propriétés astringentes et toniques, elles agissent à la manière des eaux alcalines. Sous ce rapport elles peuvent être considérées comme succédanées des eaux de Vichy. Cette dernière propriété est bien plus évidente encore, si on l'applique aux maladies de la vessie, au catarrhe chronique de cet organe et à la gravelle. Elle est due à la présence dans les eaux de Charbonnières du bi-carbonate de soude qui n'avait pas été constaté jusqu'ici, et que M. Glénard a trouvé à l'aide de l'analyse chimique.

Enfin, il serait trop long d'exposer dans cet article toutes les maladies auxquelles ces eaux peuvent convenir. Ce travail, qui mérite une discussion raisonnée et approfondie, sera mieux placé dans le chapitre suivant, réservé aux indications spéciales.

CHAPITRE V.

Indications.

En considérant le tableau des nombreuses maladies suceptibles d'être guéries par une source donnée d'eaux minérales, on est frappé d'une réflexion qui se présente naturellement à l'esprit, et l'on se demande comment il se fait que dans des affections, souvent très dissemblables par leur nature, les mêmes effets curatifs sont obtenus à l'aide de certaines substances minéralisatrices, d'ailleurs très complexes, et agissant toujours dans les mêmes conditions chimiques et proportionnelles.

Dès le début de ce chapitre, consacré à la recherche des indications particulières, j'ai besoin de répéter qu'un phénomène de ce genre ne peut recevoir aucune solution. A moins d'admettre dans les agents médiateurs, si intimément combinés ensemble, une sorte d'instinct qui les fait se distribuer avec ordre vers les principes morbifiques, pour les combattre et les neutraliser, le parti le plus sage est d'accepter le bénéfice d'une action si obscure et si impénétrable, abandonnant à la nature le secret dont elle n'a pas voulu nous livrer l'explication.

Dans l'énumération des indications spéciales que l'on peut remplir à l'aide des eaux de Charbonnières, je décrirai les maladies dans l'ordre de leurs affinités pour ces eaux ferrugineuses, c'est-à-dire que j'insisterai principalement sur celles dans lesquelles on observe le mieux les bons effets thérapeutiques. A ce titre la première place appartient de droit à la chlorose.

Chlorose.

A priori, la chlorose doit être classée parmi les affections qui réclament le secours des eaux ferrugineuses ; et l'on est justement étonné de la voir à peine indiquée dans les notices qui ont été publiées sur les eaux minérales de Charbonnières. J'ai cherché vainement le motif d'une si grave omission ; et, bien que les études sur la composition chimique du sang, et sur l'action thérapeutique du fer, n'aient été bien complétées que dans ces dernières années, toujours est-il que ce médicament est depuis très longtemps conseillé dans les maladies chlorotiques. Swilgué même, dans sa *Matière médicale,* qui date de 1809, prescrit l'usage des eaux de Spa, comme très efficace dans la chlorose. Quoi qu'il en soit, le fer occupe, à juste titre, le premier rang dans les médicaments toniques employés contre cette affection. Il en est même considéré comme le véritable spécifique.

La chlorose est une maladie très commune qui affecte à peu près exclusivement le sexe féminin. On peut l'observer à toutes les époques de la vie des femmes ; mais elle est surtout l'apanage des jeunes filles. Elle se déclare le plus ordinairement à l'époque de la puberté. A cette période l'utérus, jusque là silencieux et inerte, se réveille tout-à-coup, et devient le foyer d'une vie nouvelle. Les mouvements physiologiques, et la vitalité si grande qui se développent alors, font de la matrice le point de départ et le centre de fonctions vitales très élevées, et lui assignent un rôle immense, caractérisé par cette parole énergique d'un ancien « *uterus animal, in animale.* »

Si la matrice, dans ses nouveaux rapports avec l'économie vivante, éprouve de violents obstacles qui s'opposent à l'établissement de ses fonctions, et surtout à l'écoulement menstruel, elle devient le siége de profonds désordres ; l'équilibre est rompu, et elle réagit à son tour sur l'organisme entier. Et comme elle est le point central des irradiations nerveuses, elle exerce sur les principales fonctions une influence pernicieuse qui les altère et les pervertit. Dès lors l'assimilation, privée de la force d'innervation nécessaire à l'accomplissement de ses actes réparateurs, se fait d'une manière incomplète, et languit. Le sang devient pâle et très liquide, il s'appauvrit, perd sa plasticité et sa rutilance par la diminution considérable de ses globules et de son cruor ; la partie solide s'amoindrit, la partie séreuse au contraire augmente et prédomine ; il devient inapte à la nutrition des organes. L'action des viscères, celle surtout du cœur et de l'estomac est de moins en moins active ; il en résulte une faiblesse générale très grande. La malade est en proie à des désordres et à des accidents nerveux qui affectent diverses formes, et se traduisent souvent en des mouvements convulsifs qui produisent un état de langueur et d'abattement extrêmes. Toute la surface du corps se recouvre d'une couleur jaune pâle et légèrement verdâtre ; d'où le nom populaire de *pâles couleurs* sous lequel on désigne vulgairement cette affection.

Si la maladie fait des progrès, tous ces symptômes s'aggravent ; l'éréthysme nerveux acquiert une plus grande intensité, la cachexie chlorotique survient, et donne lieu à une fièvre lente nerveuse qui consume les forces.

Deux opinions existent touchant la nature de la chlorose. Suivant les uns, l'affection consiste essentiellement dans l'altération du sang qui est privé en grande partie de ses éléments globuleux et cruoriques. Cette altération est la cause première de la maladie, et c'est elle qui produit tous les désordres fonctionnels; il n'y a chlorose, enfin, que lorsque l'hydroémie est caractérisée.

Dans l'autre opinion, au contraire, l'affection débute par l'éréthysme et la perversion de l'innervation viscérale, qui exercent plus tard une grande influence sur la composition du sang. La chlorose existe déjà avant qu'on ait constaté son état hydroémique; et la preuve, suivant les partisans de cette théorie, c'est que chez des femmes, manifestement chlorotiques, on a trouvé dans quelques cas, rares il est vrai, un sang très épais et très coloré; aussi, distinguent-ils plusieurs périodes dans cette maladie: une première période, ou phase d'affection, marquée par les accidents nerveux qui précèdent et produisent l'hydroémie; une deuxième période, ou chlorose confirmée, dans laquelle on observe à la fois et simultanément les désordres relatifs à l'altération du sang et de l'innervation; enfin, une troisième période ou cachexie chlorotique.

Cette division me paraît plus essentiellement médicale; elle explique mieux le développement naturel des symptômes et leur action réciproque. Ainsi, il est plus juste d'admettre, et l'on comprend facilement que l'hydroémie qui, dans la première période, est l'effet de l'altération nerveuse, joue, à son tour, le rôle de cause aggravante; et cette double influence fait mieux apprécier la gravité du mal qui s'accroît si rapidement alors, et détermine bientôt l'état cachectique.

Sous quelque point de vue qu'on envisage la pathogénie de la chlorose, toujours est-il que cette affection est complexe, et se compose de deux éléments principaux : 1° la décomposition du sang ; 2° la perversion des actes nerveux. De la présence de ces deux éléments morbides découlent deux indications essentielles à remplir : 1° rendre au sang les principes constitutifs qui lui manquent ; 2° régulariser l'exercice de l'innervation pervertie.

Les eaux de Charbonnières peuvent-elles satisfaire à ce double but ? Nul doute ne peut exister relativement à la première indication. En effet, la quantité considérable de fer, tenue en dissolution dans ces eaux, explique très bien leur action thérapeutique sur la masse du sang, avec laquelle ce corps s'unit intimément, et dont il devient alors partie constituante. Mais en est-il de même pour ce qui forme l'objet de la seconde indication ; et, peut-on, en l'absence de tout remède antispasmodique, expliquer les effets médicateurs produits sur l'ensemble de toutes les fonctions nerveuses, jusque là si profondément altérées ? On peut affirmer, sans craindre de se tromper, que ces effets sont dus encore à l'action du fer qui, dans l'affection chlorotique, ainsi que dans d'autres maladies nerveuses spéciales, joue le rôle d'un médicament anti-spasmodique très actif, d'après ce bel aphorisme d'Hippocrate : « *Sanguis moderator nervorum.* » Aphorisme admirable, en effet, plein de sens et de profondeur, et dans lequel se décèle le génie observateur du père de la médecine ; pensée féconde et hardie qu'on s'étonne de voir émettre dans l'enfance de l'art, au berceau même de la science, et qui devait, ce semble, ne pouvoir être consacrée que par l'expérience des siècles, et avec le secours des études physiologiques les plus élevées.

Cette nouvelle propriété du fer s'explique d'ailleurs très facilement. En effet, par suite de l'influence directe que cette substance exerce sur le sang, ce fluide, qui a conquis toute son énergie vitale, imprime à tous les organes une action tonique et réparatrice. Dès lors, la matrice, dont l'importance est si grande à l'époque de la puberté, devient le centre d'un mouvement fluxionnaire très actif ; l'écoulement menstruel est la crise normale. Son éréthysme, son état spasmodique se modifient et finissent par disparaitre. L'innervation des autres viscères, n'étant plus troublée et pervertie par l'action de l'utérus, toutes les fonctions s'exécutent d'une manière régulière ; l'assimilation s'opère avec énergie ; et, grace à l'excitation générale de tout le système, les forces vitales reprennent leur empire.

Une chose digne de remarque est la supériorité incontestable que les eaux ferrugineuses ont sur les préparations pharmaceutiques de même nature dans l'affection qui nous occupe. Aussi l'action de ces eaux est éminemment plus rapide, plus complète et se fait sentir bien plus longtemps après la guérison. Il est vrai de dire qu'à l'action médicatrice de ces eaux minérales vient s'ajouter le concours de toutes les conditions d'une bonne hygiène, dont l'effet est si puissant alors sur toute l'économie.

Parmi les cas de chlorose guéris par les eaux ferrugineuses de Charbonnières, je me contenterai de citer les deux observations suivantes. Leur choix a été déterminé par l'intensité même de l'affection, et par le succès complet de la médication.

1ʳᵉ **Observation.**

Mademoiselle G... , douée d'une forte constitution , d'un tempérament sanguin-bilieux , n'avait jamais connu la maladie jusqu'à l'âge de dix-sept ans. C'est à cette époque que les menstrues se déclarèrent pour la première fois ; très faible dès l'origine, et à peine marquée par quelques gouttes de sang , leur apparition fut précédée d'un malaise général, accompagné de frissons, d'un sentiment de pesanteur dans la partie inférieure de l'abdomen, et plus spécialement dans le corps même de la matrice , ainsi que de douleurs très aiguës dans la région des reins. Pendant quatre à cinq mois l'écoulement des règles fut très irrégulier, aussi peu abondant, et donna lieu aux mêmes symptômes ; ceux-ci prirent alors une tournure plus sérieuse et plus grave, et présentèrent bientôt les caractères de la chlorose. Mademoiselle se plaignit d'une douleur oppressive à l'épigastre ; l'appétit diminua rapidement et devint presque nul ; la bouche était sèche, la soif très vive ; la plupart des aliments étaient un objet de dégoût ; la malade recherchait les choses âcres, excitantes par leur amertume et leur acidité. Les digestions étaient longues, difficiles et suivies d'éructations nidoreuses ; il y avait constipation. La respiration était courte, le moindre mouvement causait de l'oppression. Le cœur était le siége de palpitations très fortes ; les battements étaient irréguliers, tantôt durs et fréquents , tantôt lents , mous , insensibles ; le pouls répétait assez exactement les variations du cœur. La peau était sèche , les sensations calorifiques très variables ; la teinte générale pâle et décolorée ; le visage commençait à revêtir une nuance jaune cendrée. La maigreur faisait des progrès sensibles; la malade éprouvait quelquefois des frissons assez intenses ; plus rarement aussi des mouvements nerveux d'une nature évidemment spasmodique.

Cet état durait déjà depuis deux mois, lorsque les eaux de Charbonnières furent conseillées. Pendant les huit premiers jours, il n'y eut presque pas de changement; Mademoiselle prenait régulièrement huit verres d'eau ferrugineuse dans les vingt-quatre heures, et un grand bain d'eau minérale tous les deux jours. L'estomac fut le premier organe à ressentir les bienfaits du traitement; l'appétit revint avec assez de rapidité ; toutes les autres fonctions éprouvèrent une amélioration progressive qui ne se démentit pas ; et la malade, après un mois de séjour, pendant lequel elle suivit scrupuleusement les prescriptions médicales, put revenir dans le sein de sa famille, dans un état de santé qui ne fit que s'accroitre à dater de ce moment.

A trois ans de distance, Mademoiselle se maria dans des conditions de fraîcheur et de santé qu'elle n'avait pas eues depuis bien des années. Pendant les premiers mois, rien ne vint troubler le bonheur et la satisfaction de la jeune mariée ; mais au bout de quelque temps, Madame fut prise de vomissements qui se répétèrent durant plusieurs jours, et furent interprétés favorablement dans la prévision d'une grossesse. Cependant l'appétit qui allait en s'affaiblissant, quelques palpitations assez vives, la pâleur et la décoloration du visage, d'autres symptômes identiques à ceux qu'elle avait éprouvés autrefois, éveillèrent son attention et celle de sa famille.

Appelé auprès de la malade, je prescrivis immédiatement les eaux de Charbonnières, certain que leur action serait encore plus efficace, puisque l'affection était beaucoup moins grave. Le succès fut tout aussi complet après trente jours de traitement. Depuis lors Madame est devenue mère, et sa santé ne laisse rien à désirer aujourd'hui, deux années après la guérison.

Cette observation me paraît très concluante. Elle offre une double sanction acquise à l'action médicatrice des eaux de Charbonnières. La réapparition de la maladie ne peut même en aucun point infirmer leur efficacité; car on sait avec quelle facilité s'opèrent les rechutes chez les personnes qui ont été atteintes de chlorose. Or, dans le cas qui nous occupe, la guérison s'était maintenue pendant trois années; le retour à la santé avait été complet, et l'affection chlorotique s'était développée plus tard dans des circonstances qui, en changeant radicalement les habitudes et les relations de la malade, avaient produit sur elle une influence toute exceptionnelle.

2e observation.

Mademoiselle A... B... est issue de parents sains et robustes. Douée elle-même d'une constitution assez bonne, d'un tempérament lymphatique et nerveux, d'un caractère triste et mélancolique, elle a été réglée à l'âge de 16 ans. Ses menstrues, assez régulières, ont toujours été peu abondantes, et disparaissent au bout de deux jours. Pendant l'hiver de 1849 et 50, elle fut prise d'un état de langueur auquel se joignirent bientôt les symptômes caractéristiques de la chlorose. Cette affection persista jusqu'à la saison de l'été, et ne céda qu'en partie à un long séjour que Mademoiselle fit à la campagne. Toutefois la guérison, plus apparente que réelle, ne tarda pas à se dissiper ; et, dès le mois de novembre suivant, la maladie reparut avec une intensité plus grande. Après plusieurs mois de souffrances pendant lesquels la santé de madmoiselle B... allait toujours en déclinant ; elle se rendit à Charbonnières le 3 juillet 1851.

A cette époque l'affection chlorotique était évidente, et se trahissait par les symptômes suivants : le visage est pâle et d'un blanc mat ; la muqueuse de la bouche et surtout celle des lèvres, est blanche et décolorée ; les yeux sont éteints et languissants ; les traits physionomiques, privés de toute mobilité, expriment la faiblesse et l'abattement ; la malade est entièrement découragée. A peine arrivée, elle se sent prise de dégoût pour son nouveau séjour, et supplie ses parents de la reconduire à la maison paternelle ; nul objet ne peut la distraire et dissiper son profond ennui ; insensible à tout plaisir, elle recherche la solitude et se renferme obstinément dans sa chambre. La chaleur générale de la peau est amoindrie ; la malade éprouve souvent de légers frissons ; les battements du cœur sont anormaux et irréguliers ; presque toujours vifs et précipités, ils deviennent encore plus fréquents et plus forts à la moindre fatigue, et donnent lieu à des palpitations saccadées et violentes qui produisent un état imminent de gêne et de suffocation. Depuis près de huit mois les menstrues sont excessivement faibles ; le sang qu'elles fournissent est rare, très fluide, et d'une couleur d'un rose-clair. Elles durent à peine vingt-quatre heures, et s'accompagnent d'un surcroit de malaise.

L'appétit est presque nul ; il ne se réveille que pour

les subtances acides et excitantes ; tous les autres aliments inspirent un sentiment de répulsion et de dégoùt.
La langue est blanche, sèche et couverte d'un enduit
assez épais; la soif est vive ; l'épigastre lourd et presque
douloureux ; les digestions sont longues, laborieuses et
suivies de rapports nombreux qui augmentent les douleurs de l'estomac. Il y a un peu de constipation.

Tous ces divers symptômes ont produit un état de
faiblesse extrême, voisine de la prostration, et réclament
un traitement actif et immédiat.

Dès le trois juillet j'ai soumis la malade au régime
suivant : chaque jour 6 verres d'eau minérale, et un
grand bain ferrugineux. Deux repas composés d'un po-
tage gras et de viandes bouillies ou rôties : poulet et
mouton. Pendant le repas, Mademoiselle boit de l'eau de
Charbonnières. Deux fois par jour une promenade d'une
demi-heure qui consiste, en grande partie, dans le trajet
que parcourt la malade en allant de son hôtel à la fontaine, pour boire la dose indiquée d'eau ferrugineuse.

Le 12 juillet, les menstrues ont paru, peu abondantes
et d'une teinte encore pâle, quoiqu'elles soient moins
décolorées ; elles durent deux jours complets. L'état de
malaise et de fatigue a été moins prononcé qu'il l'était
autrefois.

Le 15, les symptômes paraissent s'amender : la figure
est moins triste; la pâleur a un peu diminué; une légère
teinte rosée semble poindre sur les pommettes et les
joues. Les yeux sont un peu moins ternes et plus ani-
més, les palpitations moins fortes, la respiration plus
libre; l'appétit se prononce et les aliments sont digérés
avec plus de facilité ; la malade ne languit plus autant ;
déjà faite au séjour de Charbonnières, elle ne fuit plus
les distractions et les amusements.

Le 17, encouragée par le bien-être qu'elle commence
à éprouver, Mademoiselle a l'imprudence de faire une
course à âne. Les secousses qu'elle a essuyées pendant la
route ont produit un fâcheux effet, et font revivre la plupart des symptômes morbides ; mais cette fatigue n'est
heureusement que momentanée, et, dès le 20 juillet, il
n'en reste plus aucune trace. A cette époque, la dose de
l'eau ferrugineuse est portée à neuf et les jours suivants
à douze verres ; on continue les bains minéraux.

A dater de ce moment, l'amélioration se maintient et
fait même de rapides progrès : la figure se colore de
jour en jour ; les forces augmentent visiblement ; la
tristesse est entièrement dissipée, si bien que, le jour
du départ, la malade voudrait encore continuer son séjour aux eaux. Les palpitations ont presque disparu malgré des promenades longues et répétées, l'appétit est
excellent, et les digestions s'opèrent avec facilité.

Le 9 août, les règles ont coulé abondamment pendant
deux jours ; le sang est épais, et d'un rouge noir comme
dans l'état de santé.

Le 11, Mademoiselle a quitté Charbonnières entièrement guérie. Pendant tout l'hiver, et jusqu'à ce jour,
aucun symptôme de l'affection chlorotique n'est venu
démentir la guérison si heureusement obtenue.

La chlorose ne se présente pas toujours avec des
caractères aussi tranchés. Ceux-ci ne s'observent même
ordinairement qu'à l'époque de la puberté, et proviennent surtout des obstacles qui s'opposent à l'établissement régulier d'une première menstruation, et des
désordres graves qui en sont la suite. C'est une erreur
de croire que la chlorose est une maladie spéciale aux
jeunes filles, comme semble l'indiquer la dénomination
de *febris alba virginum* qui lui a été donnée par quel-

ques auteurs ; sans doute elle se déclare d'une manière moins fréquente à toute autre époque de la vie ; mais on la remarque encore assez souvent, pour qu'on ait pu dire avec quelque raison qu'elle domine la pathologie de la femme.

L'organisation du sexe féminin est soumise à des conditions physiologiques exceptionnelles qui exercent une influence toute particulière sur sa constitution économique. L'élément sanguin et l'élément nerveux jouent un rôle immense dans les diverses phases de sa vie, depuis l'âge de la puberté , jusqu'à l'époque critique. Ces deux éléments organiques ont besoin d'être intimément associés pour la régularité des mouvements périodiques dont l'utérus est le centre et le foyer. Doués, à l'égard l'un de l'autre, d'une exquise susceptibilité, ils s'influencent réciproquement , et leur accord est tout aussi nécessaire pour l'harmonie des fonctions vitales.

D'après la nature de la femme qui, en vertu de son organisation éminemment nerveuse, est si mobile et si impressionable, il est facile de comprendre à quels écarts est exposé l'équilibre qui doit régner entre ces deux éléments ; et comme leur altération joue le principal rôle dans la production de la chlorose, il en résulte qu'un grand nombre de maladies doivent présenter chez elle quelques uns des traits caractéristiques de cette affection. En effet, la plupart des maladies chroniques du sexe féminin sont rarement simples et élémentaires ; presque toujours elles affectent une forme complexe qui rend le diagnostic difficile et obscur. Parmi les nombreuses complications dont elles s'accompagnent, aucune n'est incontestablement aussi fréquente que celle d'un état chlorotique plus ou moins secret. Jamais le besoin de l'analyse clinique ne se fait mieux sentir que dans l'examen de ces états morbides. Le médecin doit être en garde contre les difficultés de ce genre, et redoubler de soins et de vigilance pour discerner le véritable caractère du mal. Les erreurs sont faciles à commettre, et il faut une longue expérience pratique pour pouvoir les éviter. C'est le cas plus que jamais de recourir à la méthode, dite dans l'école *à juvantibus et lædentibus*, d'après ce vieil adage médical : « *naturam morborum ostendunt curationes.* » Cette conduite, bonne à suivre seulement dans les cas les plus obscurs, est conforme aux vrais principes de la thérapeutique. Ne distingue-t-on pas en effet des méthodes perturbatrices qui n'ont d'autre but que celui de rechercher la nature de la maladie, et de saisir l'indication au moyen de l'action dynamique que le traitement exerce sur l'organisme humain. D'ailleurs, pour ce qui concerne les maladies chroniques des femmes, cette sorte de méthode empirique est largement justifiée par la fréquence de la complication chlorotique, et par le succès qui suit dans la plupart des cas l'usage de la médication ferrugineuse.

Les eaux de Charbonnières seront très efficaces dans ces affections incertaines et douteuses, dans lesquelles l'indication ne peut être formulée d'une manière nette et précise. La détermination de celle-ci sera puisée dans une constitution primitivement faible, ou rendue débile par la chronicité de la maladie, dans un tempérament le plus ordinairement lymphatique, et dont la réunion de conditions pathologiques qui décèlent le défaut de stimulus, ou même l'atonie du système entier. Dans ces cas insidieux, plus fréquents qu'on ne pense, l'action excitante de l'eau ferrugineuse servira de criterium pour établir le diagnostic d'une manière certaine, et faire ressortir la prédominance de l'élément morbide réel. Sous l'influence de ce traitement minéral, essentiellement tonique, on verra bientôt renaître les forces vitales, et avec elles, l'activité physiologique et la régularité des principales fonctions. Du reste, l'action médicatrice sera la même et souvent aussi plus rapide que dans la chlorose.

On peut encore prescrire les eaux de Charbonnières aux femmes, et surtout aux jeunes filles, atteintes d'aménorrhée ou de dysménorrhée. Ces deux états morbides présentent de grandes analogies avec l'affection chlorotique. Comme celle-ci, elles dépendent souvent d'un défaut de stimulation vitale, et plus spécialement aussi d'une altération dans la constitution du fluide sanguin. Dans ces cas, la médication ferrugineuse, en vertu de son action excitante spécifique, aura pour effet le rétablissement et la régularisation de l'écoulement menstruel.

Anémie.

L'anémie est une affection générale, qui consiste dans l'altération profonde des forces vitales, dépendant essentiellement de la privation ou de la diminution considérable du sang. Elle présente de nombreuses analogies avec la chlorose sous le rapport des causes, des symptômes et du traitement. Cette triple similitude me dispensera d'entrer dans de longs développements.

Cette affection se déclare le plus ordinairement à la suite d'abondantes pertes de sang, produites par des hémorragies spontanées ou traumatiques, ou par des saignées copieuses et répétées. Dans d'autres circonstances plus rares, elle se manifeste sous l'influence d'une alimentation insuffisante et peu nutritive, d'une privation prolongée de la lumière, de l'inspiration d'un air impur. C'est pour cela qu'on l'a souvent observée chez les ouvriers qui travaillent habituellement dans les mines, où l'air atmosphérique et la lumière solaire ne pénètrent qu'imparfaitement, et dans des conditions hygiéniques qui empêchent l'oxigénation du sang. Ces deux ordres de causes ont fait distinguer l'anémie en idiopathique et en symptômatique.

Quel que soit le mode d'invasion de la maladie, voici les effets qu'on observe : Le sang, dans le cas surtout de grandes déperditions de ce liquide, arrive en très petite quantité dans les organes et les tissus; de plus, il a perdu ses qualités essentielles et réparatrices par la diminution extrême du cruor et de la fibrine; dès lors il devient très séreux, décoloré et ressemble à un liquide d'un rose clair. En cet état, il est insuffisant pour l'accomplissement des fonctions nutritives, et donne lieu à des symptômes caractérisés par une atteinte grave portée à tout l'organisme vivant.

Le premier symptôme, qui apparaît chez un anémique, est la pâleur et la décoloration de la peau, qui revêt une teinte semblable à de la cire blanche. Cette pâleur s'empare aussi de la muqueuse des lèvres et de la bouche. La peau est molle, flasque et présente un grand nombre de plis et de rides. Dès le principe, le cœur est le siége de palpitations fortes et énergiques; mais bientôt elles deviennent faibles, lentes, insensibles, presque innappréciables, accompagnées cependant d'un bruit de souffle assez distinct. Le pouls est également mou, imperceptible; la plupart des grosses artères font entendre aussi le bruit de soufflet et le bruit de diable. Le malade est plongé dans une grande faiblesse, et le moindre mouvement, la plus légère secousse suffisent pour provoquer de violentes palpitations de cœur, suivies d'essoufflement, d'oppression et d'une suffocation imminente. Cet état de faiblesse extrême et d'abattement lui inspire des idées tristes et mélancoliques. Il est entièrement découragé ; il y a dégoût, inappétence. Le système nerveux, privé du stimulant sanguin, devient le théâtre de désordres profonds, qui éclatent sous la forme de douleurs névralgiques, de mouvements spasmodiques et convulsifs ; la maigreur augmente tous les jours ; l'émaciation est extrême ; il y a prostration et résolution des forces.

Il est toujours facile de reconnaître l'anémie, avant qu'elle ait acquis cet état de gravité.

Le traitement est des plus simples. L'altération du sang étant la cause essentielle de la maladie, on a surtout une indication principale à remplir ; elle consiste à réparer les pertes que le sang a faites, et à lui rendre les éléments de nutrition. Plusieurs moyens concourent à satisfaire à cette indication. Ainsi, dès le principe, surtout si l'anémie s'est déclarée spontanément, il faut placer le malade dans des conditions hygiéniques qui favorisent promptement l'oxigénation du sang. Pour cela, on choisira une habitation sèche, élevée, agréable, où se trouve réunie l'action bienfaisante des rayons du soleil et d'un air pur. On prescrira en même temps une alimentation tonique et vivifiante. Ces premiers soins une fois réglés, il faut s'adresser aux médicaments qui ont une action directe sur le sang. Parmi ceux-ci le fer est encore le plus puissant et le plus actif. Son efficacité a été depuis longtemps constatée dans l'anémie.

Il est facile de voir que les eaux minérales de Charbonnières rempliront ici le double but qu'on veut atteindre. D'abord les propriétés ferrugineuses dont elles sont
douées recevront un surcroît d'action par l'association
intime des substances avec lesquelles le fer est combiné,
et dont l'effet est de produire, sur toute l'économie une
excitation tonique, propre à modifier la vitalité de tous
les organes. Cette action multiple des divers principes
minéralisateurs, sera bien plus énergique encore que
celle des simples préparations ferrugineuses. De plus,
le séjour dans une campagne, où les malades pourront
jouir d'un air sain et d'une distraction agréable, offre
aussi les conditions hygiéniques, dont l'influence salutaire est spécialement recommandée dans le traitement
de cette affection.

Cette action efficace des eaux de Charbonnières
pourrait être démontrée, en citant les observations
d'anémie guéries par leur usage ; mais la longueur de
ce travail m'oblige à supprimer ces développements ;
plus tard il me sera permis de compléter par des réflexions pratiques les idées générales contenues dans
cet essai.

Convalescences des maladies graves.

Ce que j'ai dit, dans l'examen de la chlorose et de
l'anémie, touchant l'altération des forces vitales, peut,
en grande partie, s'appliquer aux convalescences pro-
longées qui succèdent à des maladies très graves. A la
suite de certaines affections générales, et notamment
des fièvres essentielles, dont la durée a été très longue,

l'impulsion vitale est très faible ; l'économie a bien triomphé du principe morbide, mais les mouvements organiques sont lents ; les forces, existant en puissance, manquent d'un stimulus qui développe leur activité : il y a allanguissement général. Dans cet état, les malades ont besoin d'une excitation tonique, analeptique, qui provoque et stimule directement le principe des forces. Le fer est encore ici un des agents les plus capables pour produire ces effets ; aidée par une bonne hygiène, son action est des plus puissantes. Sous ce rapport les eaux ferrugineuses de Charbonnières peuvent rendre de grands services. Leurs propriétés s'exercent ici de la même manière que dans l'anémie.

Les mêmes réflexions peuvent être faites au sujet de certaines fièvres intermittentes très anciennes qui ont résisté à l'action du quinquina et des autres fébrifuges. Dans ces fièvres, les forces vitales, longtemps soumises à l'influence incessante et pernicieuse des émanations marécageuses, sont souvent profondément abattues ; le sang lui-même finit par s'altérer dans sa composition ; ses éléments plastiques et nutritifs ont perdu de leur énergie. Le fer alors est très propre à relever la tonique de l'organisme. Un changement complet dans les habitudes et dans la vie entière du sujet est devenu nécessaire. Les eaux de Charbonnières ont dans des cas de ce genre produit des guérisons très rapides.

Catarrhe utérin. — Flux séro-muqueux de la matrice. — Leucorrhée. — Pertes blanches.

J'insisterai avec quelques détails sur ce chapitre, parce que en lui réside un intérêt de localité qui mérite de fixer particulièrement l'attention des médecins.

Il n'est peut-être pas de ville en France où les affections rhumatismales et catarrhales soient aussi nombreuses et aussi fréquentes que la ville de Lyon. Le rhumatisme et le catarrhe semblent, en effet, avoir conquis leur droit de cité ; et l'on peut dire , sans être taxé d'exagération, que ces maladies y règnent presque d'une manière endémique. Est-il permis de trouver dans la constitution atmosphérique de Lyon et dans sa topographie les raisons suffisantes de cette prédisposition morbide ? Les auteurs lyonnais, qui ont écrit sur le rhumatisme, ont invoqué, comme cause principale de sa fréquence , la présence simultanée des deux fleuves qui traversent notre cité et la circonscrivent dans sa largeur. En effet, les émanations continuelles , qui se dégagent de la surface de ces grands cours d'eau, imprégnent l'atmosphère d'une humidité pénétrante , appréciable surtout pendant les heures de la nuit. C'est principalement à l'époque de l'hiver que leur influence se fait sentir , alors qu'elles ne sont point neutralisées par l'action calorifique du soleil ; c'est à elles qu'est due la formation de cette couche épaisse de brouillards humides et froids, qui pèse sur Lyon pendant près de trois mois de l'année. Cette humidité est encore favorisée et augmentée par la position de la ville , protégée au nord et à l'ouest par les collines élevées de la Croix-Rousse et de Fourvières, lesquelles ne livrent que difficilement passage aux vents, et, en s'opposant à la libre circulation de ces courants d'air dans l'intérieur de la cité, les empêchent de purifier l'atmosphère épaisse qui la recouvre, et de la dépouiller de sa température humide. A cette cause incessante d'humidité vient se joindre aussi l'influence des grandes crues d'eau qui se produisent toutes les années à des époques presque périodiques, et pénètrent plus ou moins profondément le sol. Cette action, quoique plus rare, est d'autant plus active que, vu le niveau peu élevé du terrain, l'eau envahit très souvent l'intérieur des caves et quelquefois même celui des habitations.

Si l'on ajoute à cela l'étroitesse de beaucoup de rues qui ne reçoivent ainsi que très peu les rayons du soleil, l'agglomération d'une population très nombreuse, et les émanations de toutes sortes qui en résultent, il sera facile de reconnaître que dans ces dispositions se trouvent toutes les conditions hygiéniques, favorables à la génération du rhumatisme.

Ce que je dis ici des causes productrices du rhumatisme peut et doit s'appliquer à toutes les maladies catarrhales. Leur nature, en effet, est à peu près identique. On pourrait même dire que le catarrhe s'observe encore avec plus de fréquence, et celle-ci s'explique par la situation géographique de la ville de Lyon, placée vers le centre de la France et dans une zône tempérée, c'est-à-dire à l'abri du froid rigoureux qui imprime aux maladies un cachet d'inflammation franche et aiguë, nécessitant l'usage des antiphlogistiques actifs. Aussi, de tout temps, les médecins lyonnais, si recommandables par leur esprit d'observation pratique, ont-ils été sobres dans l'emploi des saignées et des sangsues pour le traitement des maladies aiguës; la connaissance exacte, qu'ils ont de la constitution atmosphérique de leur pays, leur a fait presque toujours préférer des moyens moins énergiques et plus en harmonie avec le génie catarrhal que revêtent la plupart des affections morbides.

J'ai dit que le catarrhe est véritablement la maladie la plus fréquente et presque endémique de notre cité. Je n'en veux pour preuve que ce concert inharmonique et bruyant de toux et de cris rauques qui se fait entendre l'hiver dans toutes les réunions publiques, aux théâtres, dans les cafés et jusque dans les églises. Une autre preuve plus désolante encore serait la statistique des personnes qui meurent à la suite de phthisies accidentelles, résultat de catarrhes choniques et pulmonaires négligés.

Il est une autre espèce de catarrhes qui s'observe dans une aussi grande proportion que ces derniers; je veux parler des catarrhes de l'utérus. On ne se doute pas, dans le public, du nombre prodigieux de femmes affectées de pertes blanches. Les médecins peuvent seuls apprécier la fréquence de cette maladie, qui exerce sur la santé du sexe féminin une influence si pernicieuse. En effet, rien n'est plus commun à Lyon que la présence de ces flux leucorrhéïques. Ce serait une erreur de croire qu'on ne les observe que chez les personnes de la classe riche; sans doute, celles-ci y sont spécialement prédisposées par les habitudes d'une vie indolente et oisive, qui rend plus facile la satisfaction des plaisirs sensuels, et par l'action débilitante d'une nourriture peu substantielle, dictée souvent par les caprices d'un bizarre appétit. Mais, et c'est ce qui démontre l'action particulière et directe du climat, ces flux muco-séreux de la matrice et du vagin se remarquent avec autant de fréquence dans la classe populaire et même chez les femmes, en si grand nombre, qui se livrent aux travaux du commerce et de l'industrie. Cette action climatérique est si réelle que les fleurs blanches diminuent rapidement, et souvent même cessent de couler, sitôt que les personnes ne séjournent plus dans cette atmosphère si éminemment catarrhale. C'est ce que les médecins ont l'occasion d'observer tous les ans sur beaucoup de dames lyonnaises qui passent plusieurs mois d'été à la campagne ; malheureusement la leucorrhée reparaît avec l'hiver, au bout de très peu de temps.

Ces flux utérins constituent, pour les femmes, une maladie si incommode, et contre laquelle on a essayé, presque sans succès, un si grand nombre de moyens thérapeutiques, qu'on ne saurait faire trop d'efforts pour arriver à la découverte d'un remède efficace et durable. J'ai lieu de croire, en raisonnant par analogie, que les eaux ferrugineuses de Charbonnières doivent exercer, en vertu de leurs propriétés toniques et astringentes, une action excitante qui, en stimulant la vitalité du tissu de la matrice, modifiera les sécrétions séro-muqueuses, et parviendra à tarir la source de ces flux anormaux. Cette conviction, qui s'est produite en moi par plusieurs succès de ce genre, obtenus à l'aide de ce traitement, me paraît, du reste, conforme à la logique médicale ; je la livre tout entière au jugement de mes confrères. Le sujet est assez important, au point de vue de la localité surtout, pour mériter toute leur attention. Si leurs expériences venaient confirmer ces premières données, encore trop peu concluantes, ils auraient rendu un grand et véritable service à la population féminine de la cité lyonnaise, en guérissant une maladie si commune et si peu curable aujourd'hui.

Avant de discuter ce qui est relatif aux indications thérapeutiques que l'on a à remplir, je dirai quelques mots sur la pathogénie de la leucorrhée ; ils serviront à faire mieux comprendre l'action spéciale des eaux ferrugineuses dans ce cas.

Les pertes blanches ne proviennent pas toutes de la même origine. Elles sont produites par des causes de nature diverse. Les unes ne sont que l'expression symptômatique d'une altération locale des tissus, telle que des granulations ou des ulcérations , siégeant au niveau du museau de tanche, ou dans l'intérieur du col. D'autres sont entretenues par une lésion organique de la matrice, et sont dues à des productions morbides de plusieurs genres ; ce sont des polypes, des fongus, des tumeurs squirrheuses, cancéreuses ou de tout autre nature. Je ne m'occuperai pas ici de ces pertes symptômatiques ; leur traitement est entièrement subordonné à celui des lésions qui les ont produites. Tout ce que j'ai à dire se rapporte exclusivement aux pertes blanches qui succèdent aux mouvements fluxionnaires, à une irritation catharrale chronique de la matrice et du vagin.

Le catarrhe de l'utérus est aigu ou chronique. Cette dernière forme est sans contredit la plus fréquente. Voici en quelques mots les symptômes et la marche qu'elle affecte le plus ordinairement : dès le principe, la malade éprouve dans la matrice une sensation de pesanteur, bientôt suivie d'une légère cuisson qui va rarement jusqu'à la douleur. Ces symptômes ne s'accompagnent presque jamais d'un mouvement fébrile, ou bien, s'il existe, il est excessivement faible. Bientôt même la sensibilité de l'organe diminue et devient plus obtuse. Au bout de quelque temps il se déclare un écoulement d'un blanc verdâtre, épais, un peu âcre d'abord, et déterminant une démangeaison très incommode. Ce liquide tend chaque jour à devenir moins consistant, plus fluide, sa couleur verte s'affaiblit, et fait place à une nuance purement blanchâtre.

Si l'écoulement persiste, il détermine à la longue une sensation de faiblesse et d'abattement dans la région de l'estomac. Dans ce cas il y a inappétence et dégoût ; les digestions sont plus laborieuses ; la nutrition est moins active ; la faiblesse gagne les membres inférieurs ; les malades sont indolentes , sans énergie. Chez certaines femmes atteintes de pertes blanches chroniques l'affection secondaire de l'estomac devient à son tour cause aggravante de l'écoulement leucorrhéique.

Cet état peut durer très longtemps, et il n'est pas rare de voir des personnes ainsi affectées pendant une longue suite d'années. Les fonctions s'exécutent, mais d'une manière très languissante. Souvent aussi la persistance de l'écoulement, par suite de l'affaiblissement successif de la matrice, produit la diminution ou même la suppression complète des menstrues. Cette complication peut donner lieu à d'autres affections plus graves.

La marche de la maladie n'a pas toujours ce caractère d'intensité. Beaucoup de femmes s'aperçoivent qu'elles sont sujettes à des pertes blanches, sans avoir éprouvé d'abord des symptômes d'irritation. Ces pertes elles-mêmes ne sont pas continues, et se montrent à des époques irrégulières. Presque toujours il est impossible de leur assigner une cause appréciable et suffisante. Dans ces circonstances les douleurs de l'estomac sont moins vives, la faiblesse générale moins profonde. Ce n'est que longtemps après que les malades éprouvent ces effets consécutifs.

Telle est, présentée d'une manière sommaire, la série des symptômes que présentent les pertes blanches produites par le catarrhe de l'utérus. Les choses se passent à peu près de même quand c'est le vagin qui est le siége de l'affection catarrhale ; seulement , comme cet organe a beaucoup moins d'importance vitale que la matrice , le retentissement de la maladie est moins profond , l'influence sur l'économie moins rapide et moins grave.

Il s'agit maintenant de déterminer quelles sont les indications qui découlent de cet état pathologique , et si on peut les remplir avec le secours des eaux de Charbonnières.

Toutes les fois qu'un mouvement fluxionnaire, aigu ou chronique, se fixe sur une partie, il produit immédiatement une exaltation de sensibilité dans le tissu affecté, et la distension des vaisseaux capillaires par la plus grande quantité de sang qui les pénètre. Ce double effet répond à l'axiome si connu : « *Ubi stimulus ibi fluxus.* » Si la fluxion ne peut pas se résoudre ; si la partie malade ne jouit pas d'une vitalité, ou, ce qui est la même chose , d'une réaction suffisante pour vaincre la distension des vaisseaux et leur permettre de chasser le sang qui les obstrue, la circulation locale est suspendue , ou grandement diminuée ; les capillaires perdent leur élasticité et leur force de contractilité ; les tissus sont relâchés , affaiblis , privés de toute action stimulante , et frappés d'atonie ; la sensibilité organique est éteinte ; les sécrétions normales sont altérées et remplacées par d'autres plus abondantes, moins élaborées , et d'une nouvelle nature. C'est ce qui a lieu dans le catarrhe de la matrice et du vagin, qui deviennent ainsi le siége des pertes blanches.

En cet état , quel est le rôle des eaux minérales ? Par leur vertu tonique et astringente , elles produisent sur ces deux organes une astriction fibrillaire, un reserrement de tissu qui agit d'abord sur les vaisseaux capillaires , provoque leur propriété contractile , et rétrécit leur diamètre. Dès lors, celui-ci donne un libre passage au sang qui pénètre tout le tissu muqueux, réveille la sensibilité des vaisseaux excréteurs, excite leur contraction, et leur imprime une tonicité, dont le premier effet est de modifier les fonctions sécrétoires. Le flux séro-muqueux devient moins abondant ; bientôt les vaisseaux, chargés d'élaborer les produits de sécrétion, stimulés par l'action normale du fluide sanguin, ne fournissent plus qu'un liquide régulier et de bonne nature, aidés en cela par les vaisseaux absorbants qui reprennent leurs fonctions auparavant suspendues. Les eaux de Charbonnières, prises en bains et en injections, sont très actives pour produire ces effets astringents ; administrées en boisson, elles agissent aussi très énergiquement sur les organes malades, et principalement sur l'estomac dont elles rétablissent l'action tonique affaiblie par l'abondance des pertes.

Si l'action de ces eaux est prolongée pendant plusieurs mois, nul doute que la muqueuse urétro-vaginale ne puisse, par suite de cette longue stimulation, perdre l'habitude de ces sécrétions anormales, produites et entretenues par l'affection catarrhale.

Dans le chapitre relatif aux propriétés générales, j'ai indiqué les bienfaits qu'on peut retirer des eaux ferrugineuses de Charbonnières dans les catarrhes chroniques de l'estomac et des intestins, dans les embarras gastriques anciens, dans certaines dyspepsies qui tiennent à l'état de faiblesse et de relâchement de la membrane muqueuse. Je n'insisterai pas sur ces diverses affections ; l'eau ferrugineuse agit ici comme dans les pertes blanches, en vertu de son action astringente et tonique ; ses effets sont identiquement les mêmes.

C'est encore en vertu des mêmes propriétés qu'elle exerce une heureuse influence dans les diarrhées séreuses chroniques ; elle stimule l'action de la muqueuse intestinale , dont elle modifie les sécrétions anormales.

Rhumatisme.

Les eaux de Charbonnières ne paraissent pas avoir une action spécifique marquée dans le rhumatisme. On a cité toutefois un certain nombre d'observations guéries par leur emploi. Je ne sais si c'est à la présence d'une très petite quantité de soufre existant dans ces eaux, qu'on doit attribuer les effets curatifs qui ont été obtenus. Sans vouloir contester ici l'influence de cet élément minéralisateur , réduit à de très faibles proportions , il me semble que ces effets peuvent être attribués, en grande partie , à l'action des bains de vapeur auxquels on soumet les malades, et qui produisent , sur toute la surface de la peau , une excitation générale capable de déterminer une révulsion profonde , à l'aide de laquelle on déplace le principe morbifique , en même temps qu'on lui crée une voie de dépuration par les sueurs copieuses et par l'abondance d'autres sécrétions.

Sous ce rapport les eaux de Charbonnières ne sauraient être comparées à la plupart des sources d'eaux thermales sulfureuses , qui remplissent à l'égard du rhumatisme le rôle d'un véritable spécifique. La longue et légitime réputation de ces sources est d'ailleurs consacrée par les succès innombrables et constants qui accompagnent leur usage. Mais si les eaux de Charbonnières n'ont qu'une influence modérée sur le rhumatisme dans les cas le plus ordinaires, il n'en est pas de même quand cette affection , à la suite d'une action sourde et lente, a acquis un degré de chronicité, tel que la constitution tout entière est imprégnée du vice rhumatismal, et présente les caractères les plus manifestes de l'état diathésique. Parvenu à ce degré, le rhumatisme n'est plus une maladie simple et élémentaire ; l'affection se généralise encore plus et se combine avec d'autres éléments morbides plus graves et plus profonds. Les forces de la vie sont atteintes dans leur essence ; pour le prouver je n'aurais qu'à citer les désordres nerveux de tout genre, les paralysies diverses qu'on observe alors quelquefois, et surtout l'état de dépérissement et d'émaciation auquel est réduit le malade. Au milieu de ce désordre dynamique aussi grand, on doit chercher au plus vite à modérer les progrès de l'affection générale, et, si on ne peut y parvenir, on se trouve bientôt en face d'un état cachectique incurable. C'est dans ces circonstances que les eaux ferrugineuses de Charbonnières peuvent être très efficaces ; et, si elles n'opèrent pas en vertu d'une sorte d'action spécifique sulfureuse, comme l'eau des sources thermales que j'ai indiquées, elles agissent d'une manière plus puissante et plus opportune ; car elles remplissent l'indication la plus pressante, je pourrais presque dire la seule en ce moment : celle de relever le principe même de la vie, et de venir au secours des forces épuisées, en distribuant à l'organisme entier, et principalement au sang les éléments toniques et réparateurs dont ils étaient complétement privés. Leur action médicatrice sur l'élément rhumatismal n'est pas elle-même sans importance. Grâce à la présence de l'acide sulfhydrique dans ces eaux ferrugineuses, cette action, jointe à celle des autres substances minéralisatrices, est très utile pour combattre le caractère spécifique de la maladie.

Dartres.

L'action efficace des eaux de Charbonnières dans le traitement des affections dartreuses est depuis très long-temps établie d'une manière incontestable. Elle est confirmée par un nombre considérable de guérisons qui ne se sont pas démenties; on peut même dire que cette propriété s'est jusqu'ici manifestée avec plus d'évidence qu'aucune autre, si bien que les observations, consignées dans les brochures du curé Marsonnat et du docteur Finaz, sont en grande partie relatives à des personnes affectées de cette maladie. C'est, du reste, à ces gué-risons si multipliées que les eaux de Charbonnières ont dû, dès le principe, la réputation assez grande dont elles ont joui depuis lors.

Je ne chercherai pas à décrire ici le tableau des affections dartreuses. Leur histoire se trouve dans tous les ouvrages classiques; leurs symptômes si variés, leurs caractères anatomiques sont dépeints avec une fidélité et une exactitude qui me dispensent de tout nouveau détail. Mais, si les auteurs sont, à peu d'exceptions près, d'accord sur la forme et la valeur symptômatique des nombreuses variétés des dartres, il n'en est pas de même pour ce qui concerne l'essence et la nature intime de l'affection.

Les dartres qui, dans les cadres nosologiques, sont classées dans les maladies de la peau, ne peuvent être considérées comme une lésion purement locale, ayant son point de départ, son origine morbifique sur la surface ou dans l'épaisseur de l'enveloppe cutanée.

Elles constituent au contraire une affection essentiellement générale , dont le siége ne peut être rigoureusement fixé sur un point précis de l'organisme. C'est une maladie d'ensemble, qui tient primitivement à une altération générale des liquides plutôt qu'à une lésion de tissus. Les différentes formes que les dartres présentent, depuis la plus petite vésicule, jusqu'à la squamme la plus large , ne sont, en un mot , que l'expression symptômatique , que le caractère extérieur, ou la manifestation d'un état affectif , lequel réside dans l'économie tout entière; de sorte qu'on peut dire que l'affection dartreuse ne naît pas du moment où l'altération cutanée se montre sur la peau, mais qu'elle était bien antérieure à ce moment, et qu'elle existait en puissance.

La nature essentiellement générale des dartres est suffisamment démontrée par le rôle immense que l'hérédité joue dans leur production et leur développement. Une autre preuve est tirée du peu de rapport qui existe entre la plupart des causes occasionnelles qui les font éclore , et les effets généraux qui se produisent ensuite. Enfin , la persistance si opiniâtre de leur durée, la difficulté si grande de leur guérison viennent encore témoigner du caractère qui les constitue à l'état d'affection générale.

Il n'est pas permis dans l'état actuel de nos connaissances , je devrais même dire , il ne sera jamais donné de pouvoir déterminer en quoi consiste la nature intime, l'essence de cette affection. La révélation des causes prochaines restera toujours un secret pour l'esprit humain. Tout ce qu'on peut affirmer, c'est qu'elle est de nature spécifique , et que son principe est le produit d'une espèce de virus ou vice spécial , inconnu , ignoré,

et que, pour cela même , on a désigné sous le nom vague de vice dartreux, du mot δαρτος, écorché.

Cela posé , est-il possible de la combattre à l'aide
d'une médication qui, en vertu d'une spécifité contraire ,
joue à son égard le rôle d'antidote? La science médicale
n'a pas encore pu arriver jusque là. On a bien préconisé contre elle une foule de médicaments, parmi lesquels
on a surtout distingué le soufre ; on a cru reconnaitre à
cette substance des propriétés curatives plus actives ;
mais , en réalité , on ne possède encore aucun médicament qui agisse directement, et avec une sorte de cer-
titude contre le principe dartreux.

Il s'agit maintenant d'examiner le mode d'agir que
les eaux de Charbonnières exercent sur les dartres.

Cette affection, après avoir séjourné plus ou moins
longtemps dans l'économie, sans donner signe d'existence, fait sa jetée sur la peau qu'elle envahit toujours
comme lieu d'élection. Ce choix exclusif n'est contrarié
que dans quelques circonstances anormales ; c'est
quand le phénomène pathologique est arrêté dans son
évolution, à la suite d'une cause qui porte ses effets sur
l'enveloppe cutanée , et dérange ou supprime ses fonctions. Dans ce cas , l'affection se fixe sur un organe
interne ; elle ne change pas de nature , elle reste la
même ; elle revêt seulement une forme symptômatique
nouvelle, appropriée à l'organisation du tissu sur lequel
la métastase s'est opérée. Toutefois , si la maladie dartreuse ne change pas sa nature première, toujours est-il
qu'elle prend une intensité plus grande et un caractère
plus dangereux et plus grave. Cette gravité provient de
ce que le principe morbifique ne trouve pas, dans l'organe nouvellement affecté, une voie de libre expansion et
d'élimination facile , qui lui était offerte par la peau,

laquelle, par ses abondantes excrétions, remplit à son égard l'office d'une sorte de crible dépurateur. Dès lors, l'affection dartreuse, ne pouvant plus se faire jour au dehors, porte ses ravages sur des viscères intérieurs plus ou moins importants, altère et pervertit les principales fonctions, d'où découlent des désordres profonds qu'il n'est pas de mon objet de décrire ici.

La principale indication à remplir est donc de favoriser le mouvement de transpiration insensible qui se fait à la peau, de l'augmenter même en provoquant des sueurs copieuses ; celles-ci ont pour but de créer une voie critique pour l'élimination du principe morbide. Il est important aussi d'activer ou de faire naître d'autres sécrétions ; l'augmentation des urines, des selles, dont l'effet est alors analogue à celui de la transpiration cutanée, exercent une action dépurative qui tend à débarasser l'organisme de l'élément morbide fixé en lui. On cherche, en un mot, à produire une grande excitation révulsive qui favorise cette élimination.

Or, les eaux de Charbonnières sont très excitantes, et par conséquent très efficaces pour provoquer une révulsion profonde. Elles augmentent considérablement la transpiration cutanée et les sécrétions urinaires, lorsque surtout à leur ingestion on joint l'action des bains ferrugineux. Leurs propriétés purgatives favorisent aussi les excrétions par les selles. Enfin, leur puissance révulsive est telle, qu'elle produit le plus ordinairement chez les malades dartreux des éruptions très abondantes, qui facilitent l'élaboration du principe dartreux, et son expulsion hors de l'économie.

Le succès de ces eaux ferrugineuses est encore plus évident et plus complet dans le traitement des dartres anciennes et voisines de l'état diathésique. Comme il importe ici avant tout d'agir avec énergie sur l'économie tout entière dont les forces sont directement atteintes, les eaux de Charbonnières sont très bien indiquées à cause de leurs propriétés toniques et vivifiantes. Aussi leur action médicatrice ne saurait être contestée. Elle est d'ailleurs consacrée par un recueil innombrable d'observations de guérisons, obtenues depuis longues années, et consignées avec détail dans les comptes-rendus qui ont été publiés par le curé Marsonnat, et surtout par le docteur Finaz.

Affection scrofuleuse.

Les scrofules, plus encore que les dartres, constituent une affection essentiellement générale et spécifique. L'influence de l'hérédité se fait sentir ici d'une manière plus active et surtout beaucoup plus constante. Leur nature, tout aussi inconnue, ne peut se définir ; on s'est contenté de désigner la cause originelle ou prochaine de l'affection sous le nom de vice scrofuleux. Toutefois, celui-ci est plus appréciable et plus facile à reconnaître, dès le principe, que le vice dartreux ; on peut le soupçonner, et souvent même constater son existence avant l'explosion de la maladie. Il est inhérent à certaines conditions idiosyncrasiques qui, par leur réunion, forment, ce qu'on appelle, le tempérament scrofuleux, lequel est caractérisé par les signes suivants : La peau est fine, mince, blanche, décolorée, privée de cette teinte rosée ou légèrement brune qui atteste l'activité de la circulation capillaire ; les yeux sont ordinairement bleus, languissants ; les cheveux fins et soyeux ; les

chairs musculaires pâles, flasques, relâchées, et ne jouis-
sant que faiblement de la faculté de contraction ; les
forces sont peu développées. Les sujets scrofuleux sont
en général indolents, paresseux, peu enclins aux plaisirs qui exigent du mouvement. Il y a prédominance
des fluides blancs ; le sang, au contraire, ne jouit pas
d'une grande vitalité ; il est moins riche en fibrine et
en globules sanguins ; il est un peu liquide, séreux, et
a peu de force plastique. Je m'arrête à cette courte
description ; elle suffit pour démontrer que l'organisme
vivant ne présente pas dans cet état les conditions les
mieux appropriées à l'exercice normal des fonctions vitales. On peut dire qu'alors l'affection est en puissance,
qu'elle sommeille, et n'attend que la plus légère provocation pour éclater et se faire jour. C'est en effet ce qui
arrive le plus souvent ; dans cet état la maladie scrofuleuse est susceptible de revêtir les formes symptomatiques
les plus diverses ; celles-ci, qui peuvent se fixer sur la plupart des tissus organiques, présentent des degrés d'intensité variables.

Pour éviter les longueurs qu'entraînerait la description des formes symtomatiques des scrofules, je ne par-
lerai, et encore très brièvement, que des engorgements
scrofuleux des glandes lymphatiques, et des ulcères de
même nature.

Ces engorgements constituent le premier degré de
l'affection scrofuleuse. Les glandes lymphatiques sont
formées d'un tissu spécial, de nature pulpeuse, entou-
rées et protégées par une couche de tissu cellulaire qui
représente une véritable membrane extérieure. Outre
cette dernière membrane, l'intérieur de ces glandes
renferme une grande quantité de tissu cellulaire assez
dense, qui envoie des prolongements membraneux, les-

quels forment eux-mêmes des cloisons intermédiaires et des cavités remplies de ce tissu granuleux. Ces ganglions ne sont pénétrés que par très peu de filets nerveux et de vaisseaux sanguins ; aussi sont-ils doués d'une sensibilité obtuse. Ils reçoivent au contraire un grand nombre de vaisseaux chargés d'accomplir la fonction si importante de l'absorption. Cette organisation des glandes devrait les mettre presque à l'abri de l'inflammation. Celle-ci cependant y est assez fréquente ; mais elle est lente et caractérisée par une marche chronique. Le tissu glandulaire, frappé d'inflammation, augmente rapidement de volume, s'épaissit et se condense ; toutefois les glandes engorgées sont très peu sensibles ; le plus souvent même elles sont complètement indolentes. Si de bonne heure on ne cherche à combattre les progrès de la tumeur, en la soumettant à une médication résolutive et absorbante, son volume et sa dureté peuvent devenir très considérables ; ils sont dus à l'accumulation d'une humeur blanche, séreuse qui s'épaissit peu à peu, et se confond avec le tissu pulpeux. Cette humeur est fournie par l'exhalation des vaisseaux sécréteurs, et s'accumule d'autant plus que les vaisseaux absorbants, très nombreux dans ces glandes, sont frappés d'inertie, et n'accomplissent plus le travail d'absorption. Au bout d'un temps plus ou moins long, l'inflammation se développe dans le tissu glanduleux, par suite de la grande collection du liquide qui remplit à son égard l'office d'un véritable corps étranger ; le pus se ramasse, irrite la peau, et se fait jour à l'extérieur.

Dès lors on a affaire à un ulcère scrofuleux. Celui-ci a des caractères particuliers qui le distinguent de tous les autres ulcères : il affecte en général la forme circulaire ; ses bords sont épais, fongueux, parsemés de points indurés, le fond de la plaie est pâle, blafard ; le pus est blanchâtre, floconneux, mal lié, et exhalant une odeur nauséabonde. L'ulcère suit une marche chronique très lente ; abandonné à lui-même, il ne fait aucun progrès vers la guérison ; il tendrait au contraire à s'élargir ; le défaut de vitalité dans toute l'étendue de l'ulcération empêche le développement du degré d'inflammation nécessaire à la production des bourgeons charnus, et à la formation de la cicatrice.

Dans cet état il peut survenir des accidents consécutifs, dont l'importance et la gravité sont relatives à la situation de l'ulcère, à sa largeur, à sa profondeur, et surtout à l'intensité du tempérament scrofuleux du malade. Parmi ces accidents, un des plus redoutables est la faiblesse extrême et l'état d'épuisement général qui résulte d'une supuration excessive, et dont le cours entraînerait inévitablement la mort.

J'ai dit que les engorgements des glandes lymphatiques sont dus d'abord à l'influence d'un travail inflammatoire chronique, obscur, et en quelque sorte spécifique ; ensuite et surtout au défaut d'activité des vaisseaux absorbants qui laissent accumuler les liquides fournis par les sécréteurs; il s'agit donc en général de favoriser l'absorption de la tumeur. Les médicaments excitants et résolutifs sont les plus efficaces pour remplir cette indication. C'est même à ce titre que l'iode est employé dans les maladies scrofuleuses, comme le véritable spécifique de ces affections. Ces médicaments agissent en stimulant les vaisseaux lymphatiques, dont ils augmentent l'activité fonctionnelle qui doit les rendre propres à élaborer et à reprendre par la voie de l'absorption les tissus ou liquides anormaux qui constituent l'engorgement. Mais cette action locale, exercée sur les vaisseaux absorbants, serait insuffisante et presque nulle , si elle n'était puissamment secondée par une excitation plus générale, dont l'effet est de produire sur tout le système entier un surcroît d'énergie vitale qui rende à tout l'appareil des vaisseaux capillaires leurs propriétés toniques et contractiles. Il y a donc deux indications à remplir : 1° relever les forces vitales languissantes ; rendre au sang ses principes constituants et nutritifs, favoriser ainsi le développement et l'activité de tout le système angéiologique, et diminuer la prédominance des liquides blancs ; 2° obtenir par une excitation locale l'absorption, la résolution de la tumeur, et joindre à cette excitation l'action plus énergique encore d'une révulsion large et puissante sur tout le système. Ces deux indications existent aussi à l'égard des ulcères scrofuleux. L'excitation locale et résolutive est tout aussi nécessaire pour activer le degré d'inflammation qui doit hâter la formation des bourgeons et le travail de cicatrisation.

Les eaux ferrugineuses de Charbonnières peuvent très efficacement remplir ees deux conditions par leurs propriétés toniques , astringentes , et par leur action éminemment excitante ; et ce n'est pas trop de cette double qualité, pour modifier et pour vaincre une disposition naturelle, aussi grave et aussi profonde que celle résultant d'un tempérament scrofuleux. En effet, ces eaux , si éminemment astringentes , en produisant sur tout le système capillaire , et en particulier sur celui de la partie malade, une excitation et une astriction extrêmement vives , réveillent en lui la vitalité et la contractilité si nécessaires pour activer la circulation sanguine générale et locale , en même temps qu'ils stimulent les vaisseaux lymphatiques et les rendent plus aptes à l'œuvre de l'absorption interstitielle. Quant à l'action tonique générale des eaux de Charbonnières, elle est encore plus manifeste dans la dernière période de l'affection scrofuleuse. C'est surtout, en effet, quand elle est parvenue à l'état de diathèse, que leur énergie et leur action dynamique se font remarquer. Alors on n'a plus seulement à combattre les symptômes de l'affection spéciale; de nouvelles conditions pathologiques plus sérieuses et plus profondes sont venues compliquer la maladie; l'économie tout entière est atteinte; le sang lui-même n'est plus élaboré avec ses éléments normaux, qui en font le fluide essentiellement vital et nutritif; les fonctions assimilatrices languissent et s'éteignent; les forces diminuent d'une manière sensible, et menacent de se résoudre; la faiblesse devient excessive, et le malade est voué à une perte certaine. Dans cet état la médication spécifique iodée ne saurait suffire pour relever le principe de vie, qui, lui-même, est profondément altéré dans son essence. Il faut avoir immédiatement recours aux substances douées au plus haut degré d'une puissance tonique et vivifiante. Nul médicament plus que le fer, et en particulier l'eau ferrugineuse minérale, avec ses combinaisons spéciales chimiques, ne possède cette vertu. Je pourrais citer plusieurs observations de malades parvenus à une période de l'affection scrofuleuse, voisine de l'état cachectique, et chez lesquels la santé a repris un peu son empire, et s'est sensiblement améliorée. Mais l'étendue déjà trop longue de ce mémoire ne me permet pas de tels développements. Quelques unes sont consignées dans les brochures du curé Marsonnat et du docteur Finaz; d'ailleurs, l'induction logique médicale rend très bien compte de ces effets curatifs, et ne pourrait qu'être confirmée par les exemples cliniques.

Si j'ai tant insisté sur l'action des eaux de Charbonnières dans les affections scrofuleuses, c'est que cette étude présente un intérêt de localité, que j'ai déjà signalé à propos des maladies catarrhales chroniques. Quoique ces deux ordres d'affections offrent des différences radicales, on peut trouver entre elles quelques affinités et certaines analogies, surtout sous le rapport étiologique. Toutes deux, en effet, en dehors de ce qu'il y a de spécifique dans les scrofules, reconnaissent pour causes prédisposantes : l'influence habituelle d'une température froide et humide, le séjour dans une atmosphère chargée de brouillards, l'habitation dans des lieux mal propres et mal aérés, faiblement éclairés par la lumière du jour, et presque constamment privés des rayons solaires ; une vie de travail et de fatigues, à laquelle vient se joindre encore l'action débilitante d'une nourriture insuffisante et peu substantielle. Toutes ces causes se trouvent malheureusement réunies chez une partie de la population ouvrière de notre cité, et vouent un grand nombre de ses membres aux ravages de l'affection scrofuleuse. J'ai cru qu'il n'était pas sans intérêt de fixer l'attention générale sur une maladie si commune et si grave, et d'indiquer des moyens probables d'amélioration, et peut-être aussi une voie de guérison, qui me semble facile, et à la portée de presque tous.

Les eaux de Charbonnières peuvent aussi rendre des services dans les ophtalmies scrofuleuses. Employées en lotions sur les yeux, elles remplissent à leur égard l'office de collyres astringents, et secondent merveilleusement l'action tonique générale dont elles sont douées.

Teignes.

Je ne dirai que quelques mots sur le traitement des eaux minérales de Charbonnières , appliqué aux diverses espèces de teignes.

Cette affection présente des analogies frappantes sous le rapport des causes et des symptômes avec les dartres et les scrofules ; aussi , les guérisons nombreuses , obtenues dans ces deux ordres de maladies , devaient-elles faire pressentir le succès de l'action des eaux ferrugineuses, et engager les médecins à essayer ce traitement minéral contre un état morbide, pour la guérison duquel on a employé jusqu'ici une foule de procédés bizarres et très douloureux.

La plupart des auteurs modernes , qui ont écrit sur les teignes , les ont considérées comme une maladie presque exclusivement locale, ayant principalement son siége sur le cuir chevelu. La raison déterminante de la place , qu'ils leur ont assignée dans leur classification des affections cutanées , est tirée essentiellement des formes extérieures et des caractères anatomiques qu'elles offrent dans leur marche, méconnaissant, d'une manière à peu près absolue, la part plus ou moins grande que l'organisme tout entier prend à l'action des causes qui président à leur développement. Cette manière de considérer les teignes me paraît contraire aux vrais principes de l'observation médicale ; et c'est à elle , sans doute , qu'il faut attribuer l'insuccès si fréquent des méthodes et des procédés mis en usage contre cette maladie.

Les teignes se déclarent le plus communément dans l'enfance. Un simple coup d'œil, jeté sur les fonctions si actives de la peau dans cette période de la vie, suffit pour démontrer que ces lésions et ces transformations anatomiques ne sont pas toujours une maladie simple et locale du cuir chevelu ; mais que très souvent, au contraire, elles ne constituent que la manifestation extérieure et symptomatique d'un état général, d'une prédisposition dynamique, qui se trahit sous des formes très variées. A aucune époque, en effet, la peau n'est comme alors le théâtre de mouvements fluxionnaires de toute espèce, témoin la fréquence si grande des fièvres éruptives qui sont, avec raison, considérées comme les maladies caractéristiques de cet âge.

La tête, chez les enfants, est, de toutes les régions du corps, celle qui jouit de l'activité vitale la plus énergique. Elle est le siége le plus fréquent de ces mouvements fluxionnaires, véritables décharges d'humeurs et de principes morbifiques, qui se produisent sur le cuir chevelu, comme sur un lieu d'élection, de sorte qu'on voit peu d'enfants échapper aux lésions si multiples qui surviennent, depuis les humeurs de rache et les simples croûtes laiteuses, jusqu'aux teignes les plus compliquées. Et peut-être est-il permis de dire que ces éruptions et ces fluxions, qu'on se hâte trop souvent de combattre à l'aide d'un traitement purement local, remplissent quelquefois une sorte d'office conservateur, et que plusieurs enfants ont dû, à leur présence, d'être préservés d'affections très graves, telles que l'hydrocéphale, l'encéphalite, des convulsions, ou toute autre jettée inflammatoire sur un organe interne.

L'étude des causes génératrices des teignes, et leur appréciation exacte servent à établir la nature distincte de l'affection. Sous ce rapport on peut dire que, à part un petit nombre de teignes survenues par contagion, ou à la suite d'une cause externe qui agit directement sur la peau du crâne, la plupart de ces éruptions sont produites spontanément, ou par répercussion, et sous l'influence de causes dont l'action porte sur un point éloigné du siège du mal. Parmi ces dernières causes on doit citer comme les plus fréquentes : le travail de la dentition, l'état saburral ou inflammatoire de l'estomac ou des intestins, la suppression de la transpiration habituelle d'une partie, celle d'un flux diarrhéïque, d'un écoulement vaginal, ou de tout autre flux. Dans ces divers cas, la teigne, au lieu d'être une maladie qu'il faille immédiatement combattre et dissiper , doit plutôt être considérée comme un phénomène critique, une sorte de médication révulsive naturelle, dont il faut ménager la disparition. Il est un grand nombre de teignes qui se déclarent spontanément à la suite de prédispositions acquises. Celles-ci, les plus nombreuses de toutes , surviennent lentement chez des enfants affaiblis par une lactation de mauvaise nature; à un âge plus avancé, par une alimentation insuffisante et peu nutritive , et par la réunion des conditions hygiéniques les plus débilitantes. Mais de toutes les causes génératrices des teignes , les plus puissantes, sans contredit, sont les tempéraments lymphatiques et scrofuleux , et certaines aptitudes transmises héréditairement aux enfants , comme l'infection syphilitique.

Cette simple énumération suffit pour établir les indications que l'on a à remplir dans les formes variées sous lesquelles les teignes se manifestent , et surtout pour démontrer que, dans un grand nombre de cas, la médication purement locale ne peut, à elle seule, obtenir la guérison de la maladie.

Qu'elles sont donc les espèces de teignes dans le traitement desquelles les eaux de Charbonnières peuvent avoir une action efficace? Ce que j'ai déjà dit et répété, touchant les propriétés toniques et astringentes de ces eaux, me dispensera d'entrer dans de plus longs details. Evidemment il ne faut conseiller cette méthode de traitement que contre les teignes spontanées, produites par des causes débilitantes , et surtout contre celles qui sont liées à l'existence d'un état scrofuleux. Dans ces teignes, en effet , l'action minéralisatrice des eaux ferrugineuses produit de très heureux résultats, en suscitant dans l'organisme entier une excitation très énergique , imprimant à tous les systèmes d'organes une activité fonctionnelle qui modifie les dispositions idiosyncrasiques du jeune malade , dont elle relève les forces déjà très affaiblies. Cette excitation détermine aussi, sur toute la surface du corps, une révulsion très forte, qui a pour effet de diminuer l'irritation spéciale , fixée sur le cuir chevelu , et de créer , au profit de la partie affectée , une voie supplémentaire d'excrétion. Outre cette influence dynamique générale , les eaux de Charbonnières agissent encore d'une manière toute locale. Employées en lotions sur la tête, elles ont une vertu astringente et détersive , qui modifie les caractères de la lésion anatomique , et peuvent , au besoin, remplacer avec avantage la plupart des topiques mis en usage.

En préconisant l'emploi de ces eaux ferrugineuses

dans certains cas déterminés , mon intention n'est pas de les présenter comme un traitement applicable à toutes les espèces de teignes , et de les substituer aux méthodes spéciales généralement usitées. L'action de celles-ci est le plus souvent indispensable pour obtenir la cure radicale de la maladie. Parmi ces méthodes je citerai l'épilation, sans laquelle plusieurs teignes, et notamment la teigne faveuse , ne sauraient être guéries. Aussi a-t-on multiplié les procédés pour l'obtenir dans les meilleures conditions , depuis l'arrachement partiel des cheveux , jusqu'à l'application de la calotte, qui est un des moyens les plus longs et les plus douloureux. Le seul but que je me suis proposé , en conseillant les eaux de Charbonnières , est de démontrer qu'elles sont efficaces dans les teignes qui reconnaissent une cause générale , dans celles surtout qui dépendent d'une prédisposition héréditaire, et que leur action peut alors favoriser et hâter le succès des méthodes particulières. D'ailleurs, l'intervention des eaux minérales dans le traitement des teignes n'est pas chose nouvelle et inusitée. On a déjà prescrit les eaux sulfureuses des Pyrenées, d'Allevard et d'Enghien, administrées à l'intérieur et en lotions sur la partie malade. L'indication de ces eaux minérales était établie sur l'excitation générale qu'elles développaient dans l'économie, et sur la présence du soufre déjà depuis longtemps mis en usage contre cette affection. A ce double titre les eaux de Charbonnières doivent essentiellement convenir ; car elles possèdent à un bien plus haut degré des propriétés excitantes et toniques ; et l'acide sulfhydrique qu'elles contiennent, quoique dans une petite proportion, est aussi très propre à combattre ce que la maladie peut avoir de spécifique. Du reste, cette action médicatrice a déjà plusieurs fois été confirmée par l'observation clinique. Les notices dont j'ai déjà parlé renferment en effet quelques exemples de teignes heureusement modifiées par le secours de l'eau ferrugineuse. Quant aux humeurs de rache et aux croûtes laiteuses, le nombre des guérisons est déjà assez grand, pour que l'efficacité de ce traitement minéral ne puisse être contestée.

Maladies des organes génito-urinaires.

La découverte du bi-carbonate de soude dans les eaux de Charbonnières offre une voie nouvelle et encore inexplorée à quelques indications thérapeutiques. La présence de cette substance alcaline servira à expliquer le mode d'action de ces eaux minérales dans certaines affections chroniques des organes abdominaux, et principalement dans celles des voies urinaires. Sous ce rapport, elles possèdent quelques unes des propriétés des eaux de Vichy, dont elles peuvent être considérées comme un succédané. Toutefois, malgré cette analogie de composition chimique, on comprend aisément que la propriété alcaline n'existe en elles qu'à un faible degré, eu égard à la petite quantité de bi-carbonate quelles renferment. Il est vrai de dire que la combinaison intime de ce corps avec l'oxide de fer, et les autres principes minéralisateurs, imprime à l'action thérapeutique une force et une énergie qui remplacent, jusqu'à un certain point, les avantages qu'on devrait retirer d'une dose plus élevée du sel alcalin.

Je n'ai pas, du reste, la prétention de proposer les eaux de Charbonnières comme rivales des eaux de

Vichy ; celles-ci ne sauraient être supplées par aucune source d'eaux minérales ou thermales ; leurs succès si nombreux et si incontestés en ont fait une des ressources les plus précieuses de la matière médicale pour quelques affections spéciales. J'ai voulu seulement, à l'occasion de ce nouvel agent, récemment découvert par l'analyse chimique dans ces eaux ferrugineuses, utiliser sa présence dans un but exclusivement clinique ; j'ai cherché à établir quelques nouvelles indications, et à expliquer plus rationnellement qu'on n'avait pu le faire, leur mode d'action dans quelques maladies. Aussi je n'insisterai pas longuement sur la description des cas auxquels le traitement alcalin peut être appliqué. Je n'ai que quelques mots à dire sur les affections abdominales qui réclament le secours de cette méthode ; d'ailleurs l'action ferrugineuse domine trop ici l'influence du bi-carbonate, pour qu'il soit rigoureusement nécessaire d'invoquer la propriété de ce sel ; son rôle est tout-à-fait secondaire, et se borne à favoriser l'impression tonique communiquée par le fer.

J'ai déjà indiqué, en décrivant les propriétés générales des eaux de Charbonnières, les maladies des organes de l'abdomen, qui peuvent être guéries par leur usage. Parmi ces maladies, j'ai cité les catarrhes chroniques de l'estomac et des intestins, à condition toutefois qu'ils soient entièrement dépouillés de tout élément inflammatoire ; quelques états, mal définis, d'une portion du système intestinal, caractérisés par une grande faiblesse, et même par une véritable asthénie des tissus, d'où résultent la lenteur et la difficulté des digestions, l'insuffisance de l'assimilation et l'allanguissement des forces. A ces états morbides, on peut ajouter encore certaines affections obscures de l'abdomen qu'on désigne sous le nom vague d'obstructions , soit que la cause obstruante siége dans les vaisseaux du système veineux abdominal , soit qu'elle réside dans les viscères eux-mêmes, le foie ou la rate, ou dans quelques parties du mésentère atteintes d'engorgement.

Dans toutes ces affections le bi-carbonate de soude , administré pendant quelque temps avec l'eau ferrugineuse , produira de très bons effets. L'altération des liquides joue ici un rôle très important. Dans ces cas, en effet , les sucs et les humeurs sont très acides ; le sang contient aussi une bien plus grande abondance de fibrine et d'albumine que dans l'état normal. Dès lors , tous ces liquides , rendus plus épais , circulent avec lenteur , stagnent dans l'intérieur des vaisseaux , et déterminent leur état d'obstruction. L'action du bi-carbonate de soude, en diminuant par ses propriétés alcalines l'acidité des humeurs , ainsi que la trop grande quantité des matières albumineuses et fibrineuses, contribue à rétablir la libre circulation du sang et des autres fluides vitaux , et régularise ainsi les fonctions des organes altérées par la cause obstruante. Toutefois , j'ai besoin de le répéter encore, pour qu'on ne se méprenne pas sur l'importance que j'accorde à l'action du bi-carbonate contenu dans ces eaux , la principale action curative doit être attribuée au principe ferrugineux, et aux propriétés éminemment toniques dont il est doué. Je réserve d'ailleurs les autres considérations pour les chapitres relatifs aux maladies des organes génito- urinaires.

Catarrhes chroniques de la vessie.

Le catarrhe de la vessie est une maladie assez fréquente. On l'observe le plus communément chez l'homme. L'âge mûr et la vieillesse y sont beaucoup plus
prédisposés qu'aucune autre époque de la vie. Il est
aigu ou chronique. Je ne m'occuperai ici que de cette
dernière forme.

Le catarrhe chronique se manifeste à la suite de
causes très diverses. Il succède quelquefois, après un
temps plus ou moins long, au catarrhe aigu ; mais, le
plus souvent, il se développe d'une manière lente, et
sans avoir présenté aucune des périodes franchement
inflammatoires qui caractérisent ce dernier.

Parmi les causes nombreuses qui peuvent le produire,
je signalerai les plus fréquentes. Ce sont : l'habitude
continuelle de la position assise, les travaux journaliers
de cabinet, toutes les professions, en un mot, qui con-
damnent le sujet à une immobilité plus ou moins prolongée. Chez les personnes de cette condition, tout le
poids du corps porte sur la partie inférieure du bassin ;
celui-ci devient le centre de gravité de toute l'économie ;
il est le point d'appui de tous les efforts insensibles qui
s'opèrent en nous. La pression, qui s'exerce sur cette
partie, s'oppose à la libre circulation de tous les liquides, et en particulier du liquide sanguin, ou du moins
la ralentit beaucoup. Ce ralentissement circulatoire est
surtout très prononcé à l'égard du sang veineux, qui se
dirige de bas en haut, pour se rendre dans les cavités
droites du cœur. Le sang, ainsi gêné dans son cours,

s'arrête et stagne longuement dans les veines hémor-
roïdales inférieures, qui forment en cet endroit un
lacis abondant et sinueux. La présence de ce sang
pénètre et engorge les tissus, leur communique une
grande chaleur, et détermine, d'une manière lente et
insensible, un état d'irritation sourde et latente, qui
bientôt se propage aux organes voisins. La vessie, qui
jouit d'une activité si grande, grace aux nombreux
vaisseaux sanguins qui la sillonnent en tout sens, et à
la rapidité, ainsi qu'au renouvellement très fréquent de
l'excrétion urinaire, dont elle est le principal réservoir,
est aussi le premier organe qui reçoive l'impression de
cet état irritatif. Sa sensibilité augmente, et se trahit
par des douleurs d'abord légères, et par de fréquentes
envies d'uriner. Cette surexcitation est singulièrement
favorisée par la structure musculeuse de l'organe, et
par la grande quantité de filets nerveux qui s'y distri-
buent.

L'irritation fait chaque jour de nouveaux progrès, et
donne lieu à des symptômes plus marqués. La vessie
est le siége d'un sentiment de pesanteur qui va toujours
croissant, et se change souvent en une douleur véritable, fixée principalement au niveau du col vésical; et
comme celui-ci est le centre et l'aboutissant des efforts
musculaires qui président à l'excrétion de l'urine, il
s'ensuit que cette douleur est beaucoup plus pongitive
et plus violente, toutes les fois que cette excrétion doit
s'accomplir. Les urines sont rouges, épaisses, et, par
cela même, plus âcres et plus acides; aussi, à peine
arrivées dans la vessie, elles irritent les parois de
l'organe et provoquent les contractions de la tunique
musculaire. D'ailleurs, les reins, qui ne tardent pas à
partager les effets sympathiques de l'affection vésicale,

n'élaborent plus l'urine comme dans l'état normal; ils en sécrètent une bien moins grande quantité, d'où la rareté de ce liquide dans le réservoir, son excrétion pénible, douloureuse, et rendue le plus souvent goutte à goutte.

Outre ces causes prédisposantes, dont la continuité produit, à la longue, l'inflammation chronique de la vessie, celle-ci peut encore survenir à la suite d'autres causes, dont l'action irritante porte plus directement sur cet organe. Ce sont : l'abus des actes vénériens, l'habitude d'une nourriture échauffante, les excès répétés de table et de boissons spiritueuses, l'oubli de certaines conditions hygiéniques, la pratique fréquente de toutes sortes de plaisirs, d'où résulte l'excitation constante de tout le système économique. Enfin, parmi toutes ces causes productrices du catarrhe vésical chronique, aucune n'agit encore avec plus de puissance que l'inflammation blennorrhagique ancienne, et la présence de rétrécissements dans un des points du canal de l'urètre. Ces deux espèces de causes sont aussi les plus fréquentes de toutes. L'inflammation vésicale qui leur succède est facile à expliquer; elle s'engendre par continuité de tissus. Cette inflammation chronique, après avoir été longtemps fixée dans la muqueuse urétrale, se propage jusqu'au col de la vessie, dont les conditions organiques sont douées d'une vitalité plus grande, et d'une irritabilité plus exquise.

Si les symptômes du catarrhe ne sont pas combattus de bonne heure par un traitement convenable, la maladie affecte une marche de plus en plus chronique; l'action nerveuse de l'organe est altérée; le malade éprouve, d'une manière presque continue, des douleurs très vives qui s'exaspèrent à la moindre fatigue, et surtout quand le besoin d'uriner se fait sentir. Ce besoin lui-même n'est pas toujours réel ; très souvent il n'est qu'une fausse sensation, résultant de la douleur fixée principalement au col vésical. Les contractions de la tunique musculaire vont toujours en s'affaiblissant ; dès lors, les urines, privées de la force nécessaire pour leur expulsion, s'accumulent dans l'intérieur de la vessie, et augmentent sa capacité ; son élasticité s'altère, et finit par disparaître. Alors les malades ne peuvent plus accomplir la fonction urinaire qu'à l'aide du cathétérisme, moyen qui, s'il n'est pas toujours douloureux, est au moins très incommode et fort dégoûtant, pour ne pas dire plus.

* Le catarrhe chronique de la vessie ne présente pas toujours ce degré d'intensité. Le plus souvent même, à part les exacerbations, très sujettes d'ailleurs à se reproduire, il n'y a d'autres symptômes que de fréquentes envies d'uriner, et une grande difficulté dans l'émission des urines, avec un sentiment de gêne et de pesanteur dans toute la région périnéale.

Dans ces divers états du catarrhe vésical, quelles sont les indications à remplir, et à quel titre les eaux de Charbonnières peuvent-elles être conseillées ? avant d'aborder ce point de discussion thérapeutique, je dois établir, en principe, que la maladie est essentiellement chronique, c'est-à-dire, complètement dépourvue de tout élément inflammatoire, au point que la médication antiphlogistique la plus modérée ne saurait apporter aucun soulagement ; mais, au contraire, aurait pour effet d'augmenter l'état de débilitation et d'atonie des tissus organiques.

La première indication consiste évidemment à changer les conditions physiologiques et vitales de la vessie, qui se trouve dans un état de faiblesse voisine de la paralysie. La seconde indication a pour objet de rendre à l'urine sa constitution normale et ses principes chimiques altérés par le défaut d'élaboration. Examinons rapidement si l'eau ferrugineuse de Charbonnières peut suffire à ce double but.

Cette eau minérale, en vertu de ses propriétés toniques et astringentes, aura pour premier effet d'imprimer au sang et aux autres liquides une action vivifiante, à l'aide de laquelle ces fluides vitaux iront stimuler et tonifier tous les organes. La partie de ces fluides destinés à la vessie, en déterminant sur les vaisseaux de ce viscère une excitation très vive, produira l'accélération de la circulation capillaire, et, par son concours, l'énergie des fonctions interstitielles. Chacun des tissus qui le composent recevra une nouvelle activité. L'innervation, provoquée par le principe ferrugineux qui se combine avec le sang, se réveillera et tendra chaque jour à se rétablir dans ses conditions normales; la membrane muqueuse sera tonifiée; les sécrétions, qui s'opèrent dans les mailles de son tissu, seront modifiées, et deviendront moins épaisses et plus limpides; la membrane musculaire, stimulée, à son tour, par le rétablissement de l'action nerveuse, reprendra ses propriétés de contractilité et de rétractilité, indispensables pour l'excrétion facile et régulière de l'urine. Ce liquide, dont la présence a pour effet d'exciter les contractions musculaires de la vessie, ne rencontrant plus d'obstacle qui favorise son séjour trop prolongé, ne stagnera plus dans l'intérieur de l'organe, et perdra ses qualités d'âcreté et d'épaisseur qui contribuaient aussi à l'altération viscérale.

D'un autre côté, le bi-carbonate de soude, contenu

dans l'eau ferrugineuse, agira, quoique faiblement, sur l'urine, en diminuant, en vertu de son alcalinité, les principes acides qui la constituent, et en opérant progressivement la dissolution de l'albumine et de la fibrine, que le sang renferme en trop grande abondance, et qui favorisent l'acidité et la crase de toutes les humeurs.

Ainsi se trouveront remplies les deux indications principales que présente le catarrhe chronique de la vessie. L'appréciation de cette action médicatrice me paraît naturelle et en parfaite harmonie avec la saine pratique médicale. Je pourrais citer à l'appui plusieurs observations qui viendraient confimer cette donnée thérapeutique, mais je me suis fait une loi de n'insérer dans ce mémoire que des observations qui me sont personnelles. D'ailleurs, ce que j'ai dit ici pour l'eau de Charbonnières est, en tous points, conforme au mode d'agir, suivant lequel l'eau de Vichy elle-même produit, chaque année, des guérisons analogues chez un grand nombre de malades affectés de catarrhe vésical.

Les eaux ferrugineuses sont aussi très efficaces pour combattre l'atonie vésicale qu'on observe souvent dans un âge avancé. Chez certains vieillards, en effet, il arrive que, par suite des progrès naturels du temps, la vessie, sans avoir jamais été le siége d'une inflammation chronique, perd insensiblement de ses propriétés contractiles, et ne conserve plus assez de force et d'énergie, pour chasser avec facilité les urines amassées dans son intérieur. Cet état, en se prolongeant, peut donner lieu à plusieurs des symptômes qui accompagnent le catarrhe vésical. Les sujets alors éprouvent de fréquentes envies d'uriner, suivies d'une sensation plus ou moins vive au col ; presque toujours ils sont obligés de se lever plusieurs fois dans la nuit, pour satisfaire un besoin pressant, et, dans ces cas même, ils ne parviennent qu'à rendre une urine rare, épanchée goutte à goutte, et avec des efforts un peu douloureux. Les eaux de Charbonnières sont très utiles dans ces circonstances. J'ai eu moi-même l'occasion d'observer leurs effets chez plusieurs vieillards qui présentaient, du côté des organes urinaires, les symptômes de faiblesse que je viens de signaler. Comme, dans le catarrhe chronique, elles agissent en vertu de leurs propriétés astringentes et toniques, elles déterminent une excitation très vive qui s'exerce directement sur les reins et sur la vessie, dont elle augmente l'activité fonctionnelle; dès lors, l'urine est sécrétée en plus grande abondance; et ce liquide, grâce au rétablissement normal de l'innervation et de la contractilité organique, dont la vessie se trouve nouvellement douée, est excrété d'une manière régulière, moins fréquente, et sans donner lieu à ces sensations incommodes et quelquefois même douloureuses qui se produisent dans ces cas.

Toutefois, il faut agir avec prudence; il est nécessaire de modérer la puissance de cette excitation tonique; ses effets énergiques pourraient avoir des suites fâcheuses, dans un âge où les dispositions apoplectiques se développent si facilement, et provoquer des congestions sanguines cérébrales. Il importe donc d'administrer les eaux minérales dans une juste mesure.

Blennorrhagie chronique.

Les considérations , que je viens d'exposer au sujet du catarrhe chronique de la vessie , me permettront d'abréger ce qui me reste à dire sur la blennorrhagie chronique et sur la spermatorrhée. D'ailleurs, les analogies, je pourrais presque dire, les sympathies étroites, qui existent entre ces affections, doivent faire pressentir l'action efficace des eaux de Charbonnières dans ces divers cas.

En effet , les écoulements anciens du canal de l'urètre ont déposé ce qui restait en eux d'inflammation aiguë ; l'élément phlogistique est entièrement éteint ; leur nature présente un caractère essentiellement chronique. Les tissus qui composent la structure anatomique du canal, la membrane muqueuse en particulier, portent souvent les traces des changements et des altérations exercés lentement pendant les diverses phases de la maladie. Ainsi cette membrane peut être boursoufflée, épaissie, indurée ; dans quelques cas, sa dureté, en certains points, est voisine de l'état cartilagineux ; sa couleur, au lieu d'être d'un rose vif, comme dans l'état normal , est pâle et blafarde ; les sécrétions qu'elle fournit sont altérées , et se traduisent en un pus d'un blanc verdâtre, plus ou moins épais, et qui remplace la sérosité limpide qui est destinée à lubréfier sa surface. L'innervation locale est viciée dans son principe ; c'est pourquoi la plupart de ces écoulements s'accompagnent d'une douleur assez vive, au moment où s'opère l'excrétion de l'urine. Tous ces symptômes morbides son produits, d'une manière lente et insensible, par l'altération vitale, survenue dans les fonctions de la muqueuse, et par l'atonie qui lui succède. Aussi, tous les moyens, mis en usage pour réveiller cette vitalité presqu'éteinte, se résument-ils en des injections astringentes, toniques, et même caustiques, variées sous toutes les formes, et le plus ordinairement sans succès durable. Il n'est pas rare, en effet, de voir ces écoulements séro-muqueux se renouveller, dès que la muqueuse urétrale est soumise à l'action d'une cause irritante, d'ailleurs, assez légère. La fréquence de ces récidives est due alors à la susceptibilité organique très grande, développée dans cette membrane sous l'influence d'un état morbide chronique.

Les eaux ferrugineuses de Charbonnières sont très propres à tarir la source de ces écoulements. Elles agissent de la même manière que les substances astringentes, généralement mises en usage pour les combattre.

Outre leur administration en boisson et en bains, on peut les employer en injections faites, plusieurs fois par jour, dans le but d'augmenter la puissance de l'astriction locale qu'on veut produire sur le canal de l'urètre. Leur contact, fréquemment répété avec la membrane muqueuse, a pour objet de faire naître une excitation assez vive pour détruire l'asthénie dont elle est frappée, stimuler son action vitale languissante, et changer ainsi la nature des sécrétions anormales, dont elle est le siége.

Cette méthode de traitement par l'eau ferrugineuse naturelle me paraît présenter des conditions thérapeutiques spéciales, qu'on ne retrouve pas dans les moyens simplement locaux, dont on se sert ordinairement contre les blennorrhagies chroniques. On conçoit, en effet, que ces différents topiques, en opérant dans un espace

limité, et sur des tissus extrêmement affaiblis, ne peuvent vaincre l'inertie vitale dont ces tissus sont atteints.
Il faut alors s'adresser à une médication plus énergique,
qui produise, dans une grande étendue, une large et
puissante révulsion, dont les effets stimulants et toniques provoquent la réaction locale, trop lente à s'établir.
Cette excitation révulsive générale peut être facilement
obtenue par le secours des eaux minérales de Charbonnières. Plus d'un de ces écoulements anciens et rebelles
a cédé à leur salutaire intervention.

Spermatorrhée.

En 1849, M. D..., âgé de trente ans, d'un tempérament lymphatique et nerveux, était, depuis près d'une
année, sujet à des pertes séminales involontaires, qui
se répétaient jusqu'à trois et quatre fois par semaine.
Elles survenaient le plus ordinairement pendant la nuit,
et à la suite de rêves érotiques. En consultant les anté-
cédents et les habitudes du malade, on ne pouvait rattacher l'affection, dont il était atteint, à aucune cause
certaine ou appréciable, si ce n'est à une sensibilité
générale assez vive. M. D... n'avait jamais, du reste,
abusé des plaisirs vénériens. Pendant une période de
trois mois, il avait suivi, avec la plus scrupuleuse
exactitude, les divers traitements qui lui avaient été
prescrits, et qui consistaient en bains froids et douches
de même nature, en applications de liquides astringents
sur les parties génitales, et en des médicaments toniques. Il avait fait aussi usage des préparations ferrugineuses et du nitrate d'argent, administrés à l'intérieur.

De plus il s'était soumis à un régime hygiénique très
sévère , évitant, avec soin , tout ce qui pouvait être
une cause d'excitation génésique. Toutefois , le mal
n'avait que faiblement cédé à l'action prolongée d'un
traitement aussi énergique ; l'amélioration était à peine
sensible , et la fréquence des pertes séminales presque
aussi grande. L'insuccès de tous ces moyens thérapeutiques amena le découragement et fit suspendre toute
médication. Au bout de quelque temps les éjaculations
involontaires, plus fréquentes encore que par le passé,
déterminèrent un surcroît de faiblesse et de langueur
qui, chaque jour, faisait de nouveaux progrès. Bientôt il
survint de l'inappétence , du dégoût, et, à leur suite,
une maigreur assez manifeste, pour inspirer des idées
tristes et mélancoliques.

Dans cet état d'inertie physique et morale , M. D..,
ne consultant que ses instincts de malade, se rendit de
lui-même , et sans prendre l'avis d'un médecin , aux
eaux de Charbonnières. Chaque jour il buvait régulièrement dix à douze verres d'eau ferrugineuse prise à la
source , et un grand bain d'eau minérale. Au bout de
quinze jours , pendant lesquels il suivit ce régime avec
la plus grande exactitude, les pertes séminales diminuè-
rent de fréquence ; le sommeil était moins agité, l'appétit plus vif , les digestions moins laborieuses ; l'état général des forces s'améliora. Le malade faisait tous les
jours avec plaisir des promenades , qui contribuèrent
beaucoup à dissiper la tristesse profonde qui l'assiégeait
avant son arrivée. Le traitement fut continué pendant
un mois entier. Quelques douches froides avec l'eau de
la source, dirigées sur toute l'étendue du bassin , furent
ajoutées aux bains ferrugineux ; leur influence se fit rapidement sentir. Au moment où M. D... quitta l'établis-

sement de Charbonnières, c'est-à-dire après un mois de séjour, il était entièrement rétabli. Depuis une semaine déjà aucune éjaculation n'avait eu lieu. A dater de ce jour la guérison s'est maintenue sans aucune récidive.

Le malade qui fait le sujet de cette observation est peut être le premier qui soit venu réclamer le secours des eaux de Charbonnières pour une affection de ce genre. Du moins les mémoires publiés sur la vertu curative de ces eaux ne font mention d'aucun exemple semblable. Sous ce rapport elle offre donc un grand intérêt ; aussi, quoique je ne me dissimule pas le peu de valeur que peut offrir une observation isolée, je n'ai pu résister au désir de la faire connaître. D'ailleurs le succès a été si prompt et si complet, qu'il me semble devoir encourager les médecins à faire de nouvelles tentatives ; et si l'expérience clinique venait sanctionner l'efficacité d'un pareil traitement, ils pourraient se féliciter d'avoir ajouté un moyen thérapeutique, d'une exécution simple et facile, à tous ceux qu'on met ordinairement en usage pour combattre cette affection, et qui, dans la plupart des cas, ne produisent qu'une amélioration incomplète, ou une guérison momentanée. Ici, du reste, le mode d'action des eaux ferrugineuses est en parfait accord avec la logique médicale ; aussi ne convient-il de les employer que dans les pertes séminales, qui sont liées à un état de faiblesse générale, et qui dépendent surtout du relâchement et de l'atonie des parties génitales. Cette sorte de spermatorrhée s'observe, le plus communément, chez les sujets lymphatiques, et ceux qui sont débilités par des maladies antérieures, ou par l'abus des plaisirs vénériens, et en particulier de la masturbation. Elle peut donner lieu à des désordres très graves et réclame un traitement très énergique.

L'indication principale, qu'on a à remplir dans les pertes séminales de cette nature, consiste à faire cesser l'état asthénique dans lequel se trouvent les organes génitaux. Pour cela il faut les soumettre à l'action prolongée d'une médication excitante qui produise en eux un degré de stimulation et de force, suffisant pour empêcher l'excrétion involontaire du fluide spermatique. En même temps on doit seconder cette action thérapeutique locale par des médicaments doués de propriétés toniques, agissant sur l'ensemble de l'économie, et propres à relever le système entier des forces vitales.

Il est facile de voir que les eaux de Charbonnières, administrées en boisson, en bains généraux et spécialement en douches froides, pourront remplir avec succès cette indication.

Gravelle.

Dans son manuel des eaux minérales de Charbonnières, le docteur Finaz, tout en avouant que ces eaux sont réputées efficaces contre la gravelle, déclare n'avoir jamais eu l'occasion d'observer des cas de ce genre. J'ai lieu de croire que l'aveu, exprimé en 1828 par mon honorable collègue, doit être aujourd'hui singulièrement modifié. Il est impossible, en effet, que, depuis cette époque, et pendant le cours d'une pratique médicale, si longue et si bien remplie, il n'ait eu à traiter un certain nombre de personnes atteintes de cette maladie. Il est à regretter que l'analyse chimique, faite aujourd'hui avec tant de précision par le professeur Glénard, ait paru si tardivement. La présence du bi-carbonate de soude, découverte par cet habile chimiste, dans les eaux ferrugineuses de cette source, en fixant l'attention des médecins et des malades, aurait permis d'expliquer, d'une manière simple et naturelle, des guérisons qui n'étaient acceptées, de quelques uns qu'avec défiance ou timidité. Depuis ma récente installation à l'établissement des eaux minérales, en qualité de médecin inspecteur, je n'ai pas encore recueilli moi-même des observations de cette nature ; mais je puis, grâce à une bienveillante communication, consigner ici la relation abrégée de deux cures obtenues chez deux personnes depuis longtemps affectées de cette maladie.

En 1846, M. P..., âgé de 50 ans, domicilié dans le département de la Haute-Loire, présentait, depuis quelques années, tous les symptômes de la gravelle. Dans un voyage qu'il fit pour se rendre aux eaux de Vichy, et profitant de son passage à Lyon, il vint à Charbonnières, dans un but de simple promenade. Comme il arrive à beaucoup de visiteurs, il eût la fantaisie de boire, à la source même, quatre verres d'eau ferrugineuse qui le fatiguèrent, au point de le contraindre à passer la nuit dans un hôtel de la localité. Ce malaise, au lieu de le dégoûter d'une boisson, dont les effets lui parurent très énergiques, ne fit qu'exciter sa curiosité, de sorte que, le lendemain, il doubla la dose de l'eau minérale ; mais cette seconde tentative ne fut pas plus heureuse que celle de la veille ; il éprouva des coliques très-vives, et d'abondantes superpurgations, accompagnées de céphalalgie, de chaleur générale à la peau, et d'un léger mouvement fébrile. Dès ce moment, il résolut de séjourner quelque temps à Charbonnières, pour suivre exactement le traitement ferrugineux, entraîné, sans doute, par cette croyance populaire, qui consiste à considérer les eaux minérales, d'autant plus actives et efficaces, qu'elle produisent plus de fatigue et de malaise dès le principe. Il persista donc à boire de cette eau pendant dix jours, au bout desquels, les premiers symptômes ayant disparu, il éprouva un véritable bien-être, surtout du côté des organes urinaires.

De pressantes occupations obligèrent M. P... de retourner sans délai dans son pays natal ; mais il revint, l'année suivante, pour continuer le traitement trop brusquement interrompu, et apportant avec lui une boîte qui contenait environ 30 grammes de petits graviers rendus avec les urines, quelque temps après son départ. Cette fois il fit un séjour de trois semaines, pendant lesquelles il but régulièrement douze verres par jour, et prit environ dix bains minéraux. Au bout de ce temps, l'état du malade était considérablement amendé ; les douleurs assez vives, qu'il éprouvait dans la région rénale et sur le trajet des uretères, avaient presqu'entièrement disparu ; les urines, qui d'abord contenaient quelques graviers, étaient très limpides et dépouillées de toute substance étrangère.

Le sujet de la deuxième observation est un homme de 55 ans, habitant la ville de Paris, malade, depuis plus de dix ans, d'une gravelle compliquée de douleurs rhumatismales chroniques au niveau des articulations, et plus particulièrement dans les articulations du pied droit. Ce dernier siége avait fait soupçonner à plusieurs médecins la nature goutteuse de l'affection. M. C... avait visité plusieurs établissements d'eaux thermales, sans éprouver une amélioration bien sensible. De guerre lasse, et décidé à tout tenter, il se rendit à Charbonnières dans l'année 1847, sur l'indication d'une personne étrangère à la médecine.

L'état de souffrance, dans lequel il se trouvait à son arrivée, indiquait la mesure de l'intensité de la gravelle, et des altérations quelle avait produites sur les principaux organes de la cavité abdominale. Celle-ci était, dans presque toute son étendue, et spécialement dans la région des reins, le siége de douleurs pongitives non constantes, mais sujettes à s'exaspérer, au point de déterminer de véritables coliques néphrétiques excessivement aiguës. L'émission des urines s'accompagnait souvent d'un sentiment de chaleur brûlante au niveau du col vésical, et du méat urinaire. Cette sensation était surtout très vive, quand les urines entraînaient avec elles quelques graviers, ce qui arrivait du reste assez rarement. Ces douleurs anciennes et fréquentes avaient réagi sur l'économie tout entière. La perte de l'appétit et le défaut d'assimilation, dépendant du mauvais état de l'estomac, avaient produit une grande faiblesse et une maigreur assez prononcée.

Pendant un mois entier, le malade but tous les jours six, huit et dix verres d'eau ferrugineuse ; il prit dix bains minéraux et dix douches de vapeur. Un traitement aussi actif ne tarda pas à produire d'heureux résultats. Au bout de quinze jours, M. C... se sentit plus fort et plus dispos ; l'excitation, produite par l'eau minérale, imprima à toutes les fonctions une activité et une énergie dont elles étaient privées depuis longtemps. Les douleurs rhumatismales elles-mêmes étaient à peine sensibles, les coliques moins vives et moins fréquentes. L'excrétion ordinaire avait lieu plus facilement, et sans provoquer aucune sensation de brûlure. Presque tous les jours le malade rendait de petits calculs, ou seulement une matière sabloneuse. La quantité de ces graviers peut être évaluée à plus de 20 grammes. En un mot, M. C... quitta l'établissement, non pas guéri, mais beaucoup plus soulagé qu'il ne l'avait jamais été. Une lettre, qu'il écrivit lui-même deux mois après son départ, constatait l'état satisfaisant des forces et les progrès toujours croissants de l'amélioration locale.

Quelqu'incomplètes que soient ces deux observations, elles suffiraient, à elles seules, pour démontrer l'efficacité de ces eaux ferrugineuses dans la gravelle. Cette propriété curative, constatée autrefois par une ancienne renommée, ainsi que le déclarait le docteur Finaz, en 1828, ne peut être mise en doute aujourd'hui. Outre les deux faits que je viens de signaler, elle résulte aussi d'un certain nombre de guérisons obtenues pendant une période de plus de vingt années. Du reste l'action dynamique des principes minéralisateurs, contenus dans la source de Charbonnières, explique suffisamment le succès de la médication. Avant de décrire le mécanisme de cette action thérapeutique dans la maladie qui nous occupe, je dois dire quelques mots sur la composition chimique des graviers.

Sous ce rapport, on reconnait assez généralement deux espèces de gravelle bien distinctes : 1° l'une, dite gravelle rouge, ou d'acide urique, parce que les graviers qui la constituent sont principalement formés par l'acide de ce nom ; 2° l'autre, appelée gravelle blanche, presqu'entièrement formée de phosphate de chaux, et surtout de phosphate amoniaco-magnésien. Je ne parle pas des autres substances chimiques qui entrent dans la composition des graviers. Ces substances sont le plus ordinairement combinées ensemble. Toutefois les calculs prennent le nom de celles qui entrent pour la plus grande part dans leur formation. C'est ce qui explique la dénomination de gravelle rouge et blanche.

La première est sans contredit la plus commune de toutes. L'acide urique en forme la base essentielle. Certain médecins, absorbés par l'étude des lois de la chimie, habitués à ne voir, dans le développement des maladies, que des phénomènes de combinaison et de réaction, et n'accordant qu'une importance très secondaire à l'évolution des actes vitaux, n'ont pas tardé à s'emparer de ce fait ; aussi l'idée de neutraliser cet excès d'acide, à l'aide des alcalis, pour en opérer la dissolution, s'est présenté naturellement à leur esprit. Parmi les substances alcalines ils ont surtout préconisé le bicarbonate de soude, comme possédant au plus haut degré la propriété de dissoudre cet acide. C'est à l'action de ce sel alcalin qu'est due, en grande partie, la réputation litonthriptique des eaux de Vichy. Voici en quoi consiste leur action. L'urine, dans la gravelle, est saturée d'un acide propre, lequel, à cause de son peu de solubilité, se précipite et cristallise en se combinant avec d'autres principes, et formant des concrétions qui se déposent dans un des points de l'appareil urinaire. Cette acidité de l'urine donne lieu à la formation d'une matière muqueuse plastique, qui s'unit aux graviers, et leur sert de lien et de moyen de cohésion. Si l'on fait prendre au malade les eaux Vichy, le bi-carbonate de soude, contenu dans ces eaux, se mêle à l'urine ; la soude s'empare de l'acide urique en excès, et forme avec lui un urate de soude, qui est beaucoup plus soluble que l'acide lui-même, et est entraîné au dehors avec l'urine. L'action de cet alcali est la même sur les concrétions. Celles-ci, en contact avec la soude du bi-carbonate, lui cèdent l'acide dont elles sont composées, d'où résulte également un urate de soude, expulsé de la même manière par l'excrétion urinaire. Le bi-carbonate opère d'autant plus facilement la désaggrégation et la solution des calculs, qu'il exerce aussi une action dissolvante, très active, sur la matière muqueuse qui unit intimément les parties constituantes des graviers.

Rien n'est plus simple et plus compréhensible que l'explication de cette action thérapeutique ; et si les faits se passaient ainsi que le prétendent les partisans de cette théorie, il serait inutile de recourir à d'autres médications. Malheureusement cette opinion, sur la vertu dissolvante des alcalis, a rencontré de nombreux contradicteurs. Ceux-ci, non moins ardents que leurs adversaires, ont résolument contesté la valeur de tous les arguments qui ont été produits. Ainsi, loin d'accorder à l'eau de Vichy la propriété de dissoudre les concrétions calculeuses, ils soutiennent au contraire que l'usage immodéré de cette eau est plus propre à les augmenter, en donnant lieu à une légère phlegmasie des organes urinaires qui favorise la composition de nouvelles couches. Des exemples sont cités à l'appui par MM. Civiale, Leroy, Ségalas, etc.

Quant à la faculté de dissoudre les graviers, ils la nient complètement. La seule concession qu'ils puissent faire, c'est que l'eau de Vichy, prise dans une juste mesure, prévient, dans certains cas de gravelle rouge, la formation d'une plus grande quantité de sables et de graviers, en exerçant sur les fluides vitaux, et en particulier sur l'urine, une action dynamique qui modifie son élaboration dans l'organe sécréteur, et change sa composition intime. Cette action est donc neutralisante et non pas dissolvante.

La différence qui existe entre ces deux opinions aussi tranchées sous le rapport thérapeutique, tient surtout à la manière de considérer la pathogénie de la gravelle. Tandis que les partisans de la dissolution des graviers se laissent uniquement préoccuper par les théories physico-chimiques , les autres n'admettent, au contraire , que l'influence de l'action organique et vitale. Cette dernière opinion me paraît la plus rationnelle ; et , en la dépouillant de cet esprit un peu trop exclusif , peut-être , qui lui fait absolument rejeter la plus légère intervention de la chimie organique dans les phénomènes de la vie , on pourrait arriver à la saine appréciation des causes des concrétions , et poser ainsi les bases d'un bon traitement.

Ces causes ont été multipliées à loisir par chacun des auteurs qui ont écrit sur la gravelle, et cette multiplicité d'idées théoriques n'a pas peu contribué à la confusion qui règne encore sur la véritable étiologie de cette affection. Elles peuvent se réduire en une disposition organique, spontanée ou accidentelle, qui empêche ou contrarie l'action régulière des fonctions urinaires, soit que l'obstacle réside dans le sang lui-même qui contient les principes élémentaires de l'urine , soit qu'il se trouve fixé dans l'organe chargé de sécréter ce fluide , le rein , ou dans ceux qui lui servent de réservoir et de conduits excréteurs , tels que l'urétère , la vessie ou l'urètre.

Ainsi, sans parler de l'hérédité, à laquelle, dans le cas dont il s'agit , on attribue une certaine influence , on doit regarder, comme les causes les plus fréquentes de la gravelle, l'action d'un climat froid et humide, d'une a-limentation azotée, trop substantielle, l'inflammation des reins , de la vessie, la blennorrhagie chronique, les rétrécissements du canal de l'urètre , conditions qui augmentent la quantité d'albumine dans les urines , provoquent leur acidité et leur épaississement, favorisent leur stagnation, et, par cela même, la cristallisation de certains principes.

L'énumération de ces causes suffit, à elle seule, pour faire apprécier l'action vitale, qui préside à l'origine et au développement de l'affection calculeuse, d'où il résulte, que le traitement, pour être efficace, doit avoir pour objet de combattre l'élément morbide qui s'oppose à l'élaboration normale de l'urine, et ne pas se contenter de modifier ce liquide tout formé, à l'aide d'agents chimiques le plus souvent insuffisants.

Toutefois, il importe de ne pas négliger les leçons de l'expérience, et d'éviter jusqu'aux exagérations d'une bonne doctrine médicale. Ainsi, le temps semble avoir démontré l'action bienfaisante des eaux de Vichy, dans la gravelle d'acide urique. Les propriétés dissolvantes du bi-carbonate de soude ne présentent, en définitive, rien qui choque les lois qui président à l'action dynamique des médicaments. A supposer même que ce sel alcalin ne puisse réellement dissoudre les concrétions calculeuses (les conditions vitales de l'organisme humain ne lui offrant pas les ressources si positives qu'on retrouve dans un laboratoire de chimie), au moins est-il permis de croire qu'il peut prévenir l'agrandissement des graviers d'acide urique, en modifiant les qualités acides de l'urine. Cette action alcaline ne saurait être complètement niée ; elle est consacrée, depuis longtemps, par les guérisons nombreuses, obtenues dans quelques maladies des organes abdominaux, et spécialement dans le catarrhe chronique de la vessie. Dans le chapitre consacré à la description de cette maladie, j'ai insisté d'une manière particulière, sur cette propriété du bi-carbonate de soude. Je n'y reviendrai pas en ce moment.

Les partisans exclusifs des eaux de Vichy, parmi lesquels se remarque, en première ligne, M. le docteur Petit, soutiennent encore l'efficacité de ces eaux contre les concrétions de la gravelle blanche. Evidemment le bi-carbonate ne peut dissoudre les graviers, puisqu'ils sont, en grande partie, composés des sels de magnésie, d'ammoniaque ou de chaux, tout aussi alcalins que la soude. Aussi ils expliquent autrement son action ; suivant eux, elle consiste à dissoudre la matière muqueuse plastique, qui joue le rôle de ciment, vis-à-vis les couches des concrétions qu'elle lie entre elles, d'une manière très intime. En détruisant ce mucus, qui leur sert de moyen de cohésion, elle opère la désaggrégation des graviers, et favorise leur sortie. Je ne saurais partager une semblable opinion, et me range plutôt à l'avis de ceux qui considèrent l'eau de Vichy comme plus nuisible qu'utile dans les concrétions, formées par les phosphates ammoniaco-magnésiens. Il paraît certain, en effet, que cette eau, au lieu de dissoudre les concrétions alcalines existantes, neutralise, par son alcalinité, l'acide libre, trop peu abondant dans l'urine, pour pouvoir tenir en dissolution les éléments salins qui les constituent, et favorise ainsi la formation de nouveaux graviers.

Quant à la question de savoir si l'eau de Vichy peut, par le seul effet de ses propriétés excitantes, produire le détachement et la chute des graviers, cette action est contestée par les contradicteurs, qui lui préfèrent l'usage des eaux ferrugineuses, comme bien plus capables d'obtenir un pareil résultat.

Que conclure de tout ce qui précède pour l'efficacité des eaux de Charbonnières, et quelles indications peuvent-elles remplir dans la gravelle ?

Sous le rapport des causes et de la marche de l'affec-

tion , on peut distinguer deux périodes : 1° Dans une
première période , la gravelle , lorsque surtout elle s'est
déclarée à la suite d'une inflammation des reins, ou sous
l'influence prolongée d'une alimentation trop azotée,
offre tous les caractères d'une phlegmasie aiguë. Dans
ce cas, la médication excitante est contr'indiquée ; il
faut avoir recours à un traitement calmant et légèrement antiphlogistique ; 2° dans la seconde période, lorsque la maladie est passée à l'état chronique, qu'il ne
reste aucune trace de l'élément inflammatoire ; quand
les organes urinaires sont dans un état de faiblesse, et
manquent du stimulus nécessaire pour la sécrétion
normale des urines , ou pour la libre excrétion des
graviers , alors les eaux de Charbonnières sont très
utiles ; elles agissent en stimulant le fluide sanguin dont
elles changent les conditions vitales , et en modifiant
l'action glandulaire des reins , chargés de la sécrétion
urinaire. Le bi-carbonate de soude pourra , dans quelques cas de gravelle rouge , favoriser la dissolution des
concrétions d'acide urique, ou tout au moins empêcher
la formation de nouvelles couches , en dissolvant cet
acide , dont l'urine est saturée. Dans la gravelle blanche ces eaux ont l'avantage , vu la petite quantité de
soude qu'elles contiennent, de ne pas augmenter les
concrétions alcalines déjà formées. Enfin, dans les deux
espèces de gravelles , leurs propriétés excitantes, beaucoup plus actives que celles des eaux de Vichy , pourront plus facilement produire le détachement et la
chute des graviers, et les entraîner au dehors par la voie
de l'excrétion.

CHAPITRE VI.

Contr'indications.

Ici se termine le tableau des maladies susceptibles
d'être guéries par les eaux minérales de Charbonnières.
Un simple coup d'œil rétrospectif, sur les considérations que j'ai exposées , touchant les indications à
remplir , suffira , je pense , pour faire apprécier saine-
ment les propriétés thérapeutiques de ces eaux. Ces
propriétés s'exercent , en produisant, sur l'ensemble de
l'économie , une excitation très énergique , qui active
et stimule le principe même des forces vitales. Aussi
les affections , qui réclament spécialement leur usage ,
présentent-elles , à différents degrés , un caractère de
faiblesse et d'atonie. Ces affections , en effet, très nombreuses , en apparence , appartiennent toutes au même
genre pathologique. Ce sont des maladies générales ou
locales, offrant une nature à peu près identique, produites et entretenues par une même cause. Tantôt c'est une
atteinte grave , portée au dynamisme humain, et résultant d'une altération profonde dans la constitution
du sang, ou des autres fluides vitaux , ainsi qu'on
l'observe dans la chlorose, dans l'anémie, et dans l'affection scrofuleuse. Tantôt l'altération elle-même réside
dans le tissu propre des viscères parenchymateux ou

muqueux , qui sont, depuis longtemps , privés du degré d'excitation nécessaire pour l'accomplissement régulier des fonctions vitales et organiques ; c'est ce qui a lieu dans certaines maladies des viscères abdominaux , que j'ai déjà indiquées , et par exemple , dans les affections catarrhales chroniques de l'estomac, des reins, de l'utérus et de la vessie ; je n'excepte pas même quelques affections particulières auxquelles convient le bi-carbonate de soude ; car il agit surtout, par son action excitante , comme dans la gravelle. Dans toutes ces maladies , il y a quelquefois oppression des forces , ou , tout au moins, absence de stimulus , défaut de ton , diminution ou perversion des propriétés organiques. Les eaux ferrugineuses de Charbonnières agissent alors en déterminant une excitation révulsive très puissante. Elles sont , ainsi que je l'ai établi , dès le principe, éminemment toniques et astringentes.

Cela posé , il sera facile d'indiquer les affections qui repoussent leur emploi. Et d'abord , comme contr'indications générales , on peut admettre toutes les maladies aiguës , qui présentent un caractère inflammatoire. Ainsi , on doit les proscrire dans les inflammations de tous les organes de la poitrine, et spécialement, dans celles du larynx , des bronches et des poumons. Leur usage serait nuisible et très dangereux, alors même que l'inflammation aurait acquis une forme chronique , parce que la contexture de ces tissus organiques est excessivement délicate , et douée d'une sensibilité telle, que la température froide de l'eau minérale , sa saveur, franchement atramentaire , et son action styptique , suffiraient pour déterminer immédiatement une irritation locale et des accès de toux très opiniâtre.

L'état des organes digestifs mérite aussi une sérieuse

attention., Il suffit de citer l'inflammation aiguë de tous les organes de l'abdomen, pour signaler autant de cas de contr'indications. Il est même nécessaire d'apporter la plus grande réserve dans l'examen de l'état chronique de ces viscères. Il faut être bien assuré que l'élément phlegmasique est entièrement dissipé ; l'estomac surtout doit être dépouillé de toute trace d'irritation; le plus léger degré suffit pour l'empêcher d'accomplir l'élaboration digestive de cette eau ferrugineuse ; et, comme celle-ci est très active et très stimulante, non-seulement elle ne pourrait être assimilée, mais elle donnerait infailliblement lieu à une assez vive inflammation. Aussi, doit-on recommander aux personnes qui viennent réclamer le secours des eaux de Charbonnières, même pour des maladies autres que celles du tube digestif, de consulter auparavant l'état de l'estomac. Il est souvent nécessaire, en effet, de les mitiger, en les mélangeant avec des liquides calmants ou mucilagineux.

Il est une classe particulière de maladies, pour le traitement desquelles ces eaux ferrugineuses ne présentent aucune espèce d'efficacité, mais sont plutôt une cause d'aggravation. Je veux parler des maladies nerveuses essentielles, ou des névroses proprement dites. On ne saurait trop prévenir, contre leur usage, certains malades, et même quelques médecins, qui s'obstinent à traiter toutes les affections nerveuses par des médications excitantes. Cette erreur de thérapeutique, plus fréquente qu'on ne pense, et qui tient à l'habitude, trop commune, de considérer la plupart de ces maladies comme étant d'une nature asthénique, renferme, peut-être, le secret des insuccès nombreux, qui accompagnent le traitement par les antispasmodiques. Ces médicaments, en effet, auxquels on accorde une vertu spécifique , sont presque tous des excitants très actifs ; au lieu d'imprimer au système nerveux en général une action calmante , anodine , ils déterminent , le plus souvent, une irritation assez vive , qui provoque et favorise l'état d'éréthisme nerveux.

Du reste , les affections nerveuses ne présentent pas toutes la même nature. Sous le rapport étiologique , on peut les diviser en idiopathiques ou essentielles , et en symptomatiques , ou dépendantes d'autres affections , auxquelles elles sont plus ou moins intimément liées, et dont elles suivent les diverses phases. Ces affections nerveuses symptomatiques et secondaires , très fréquentes chez les femmes , se déclarent ordinairement pendont le cours des maladies graves et de longue durée , qui exercent une action pernicieuse sur l'ensemble du système nerveux , et pervertissent la plupart des actes vitaux auxquels il préside. Cet état morbide, du système nerveux , procède , presque toujours , d'une cause débilitante ; car les maladies auxquelles il s'unit , et qu'il complique , sont, le plus souvent , d'une nature essentiellement asthénique ,   et caractérisées par une altération profonde des forces vitales. C'est ce que l'on observe , en effet , dans la chlorose , dans l'anémie , et dans quelques fièvres graves , qui ont une marche très lente. Aussi , dans tous ces états , les conditions morbides du système nerveux, plus ou moins altéré et perverti, ne peuvent-elles se dissiper que sous l'influence d'un traitement tonique , excitant , très propre , lui-même , pour guérir l'affection première et essentielle.

Il n'en est pas de même des maladies nerveuses idiopathiques, des névroses proprement dites. Celles-ci reconnaissent en général des causes d'une nature excitante. Sous ce rapport elles correspondent au *strictum* des anciens. C'est à ce genre de névroses qu'appartiennent la plupart des affections hystériques ou hystériformes, si nombreuses et si fréquentes dans le sexe féminin, et susceptibles de revêtir les formes les plus bizarres. C'est à lui qu'on doit rattacher encore toute la classe des névralgies aigües, et plus spécialement les névralgies qui intéressent les principaux organes. Tous ces états morbides, s'ils ne procèdent pas d'un principe franchement sthénique, offrent du moins des conditions pathogéniques qui ont avec lui des analogies frappantes. Ainsi, tandis qu'ils sont exaspérés, et que les crises sont rendues plus fréquentes par l'action des antispasmodiques ordinaires, et surtout par celle des médicaments plus directement excitants et toniques, ils sont, au contraire, heureusement modifiés par l'effet des tempérants et des anodins, et notamment par l'emploi des bains tièdes, qui exercent une sédation manifeste.

D'après la distinction, que j'ai signalée, entre les deux ordres de maladies nerveuses, il résulte que les eaux de Charbonnières, si efficaces dans celles qui sont symptomatiques, et qui dépendent surtout d'une altération du sang, ou d'une atteinte grave, portée au système des forces vitales, seront contr'indiquées dans les névroses idiopathiques, essentielles. Dans celles-ci, en effet, les propriétés stimulantes des eaux ferrugineuses ne feraient qu'ajouter une nouvelle excitation à celle déjà produite dans toute l'économie, et qui a présidé au développement de l'affection. Ainsi, on devra les proscrire dans tous les cas de névralgie, notamment dans la gastralgie et l'entéralgie. Il faut aussi les interdire aux femmes atteintes d'une affection hystérique. La grande susceptibilité physique et morale, l'irritabilité très vive, qui se déclarent chez ces malades, à la moindre provocation , témoignent assez de la nature excitante de l'état nerveux , et justifient la contr'indication.

Les mêmes remarques s'appliquent aux personnes affectées de palpitations de cœur. Celles-ci peuvent être symptomatiques , liées secondairement à une maladie générale qui les tient sous sa dépendance, ainsi qu'on l'observe dans l'anémie, la chlorose, etc.... Dans ces cas , ainsi que je l'ai démontré , les eaux de Charbonnières jouissent d'une efficacité incontestable. Ces mêmes eaux seront , au contraire , très nuisibles dans les palpitations essentielles , dépendant d'une névrose même du cœur. Je n'ai pas besoin de les proscrire dans les palpitations produites par un anévrisme de cet organe, ou par une lésion des orifices valvulaires. Dans tous ces états, le sang est doué d'une force plastique trop grande ; son impulsion , déjà trop forte, recevrait, de l'action excitante des eaux minérales , une activité qui augmenterait encore plus les battements et les pulsations de ce viscère.

Telles sont les contr'indications principales. Je pourrais en citer quelques autres moins essentielles , mais elles découlent naturellement de la constitution intime des eaux ferrugineuses , et de leurs propriétés thérapeutiques.

CHAPITRE VII.

Mode d'administration.

Dans ce chapitre, spécialement consacré aux malades, je me propose de donner quelques conseils sur la manière de prendre les eaux, et sur les soins hygiéniques dont on doit s'entourer, pour en assurer les bons effets. Avant d'exposer ces réflexions, je cède à l'accomplissement d'un devoir dont on sentira, peut être, toute l'importance. J'ai hâte, en effet, de venger la source de Charbonnières de la légèreté, disons le mot, du dédain avec lequel on avait depuis longtemps l'habitude de la traiter. Il me sera d'ailleurs facile de répondre victorieusement à l'injuste prévention dont elle a été l'objet.

Quand on examine impartialement le nombre immense de guérisons qui démontrent, d'une manière incontestable, les propriétés curatives de ces eaux dans un certain ordre de maladies, on ne peut se rendre compte de cette sorte de préjugé que je signale en ce moment. En vérité, on serait tenté de croire à la justesse de ce vieux proverbe : *nul n'est prophète dans son pays.* D'un autre côté, comment expliquer ces grands succès momentanés, dont quelques établissements thermaux ont joui, à certaines époques, malgré les qualités négatives de leurs eaux ? Le secret de cette énigme ne serait-il pas tout entier dans ce qu'on appelle la *vogue*, mot sonore et creux, qui, à défaut de mérite réel, n'exprime que l'engouement irréfléchi du public ; divinité aveugle, devant laquelle tout le monde s'incline, et qui s'adresse à l'imagination , bien plus qu'à la raison de la foule, toujours avide de distractions et de plaisirs. Je ne sais si je ne m'abuse pas sur le véritable motif de ces réputations usurpées; mais j'ai la conviction que la mode seule exerce, à leur égard, une influence plus grande qu'on ne le croit généralement. Toutefois cette influence tend à diminuer de plus en plus. La direction positive, imprimée de nos jours à la thérapeutique médicale, fera plus pour la détermination des indications thermales, que le caprice et la fantaisie du public.

Sous ce rapport, la source de Charbonnières a lieu d'espérer qu'on lui rendra bientôt la justice qu'elle mérite, et qui repose sur des titres sérieux qu'on ne saurait lui contester aujourd'hui. Outre les succès qu'elle peut invoquer, ces titres sont établis encore par l'analyse chimique. Cette analyse, faite sous les auspices, et par les soins d'un homme spécial, qui a fait ses preuves scientifiques, ne permet plus de mettre en doute ses propriétés médicatrices. L'abondance des principes minéralisateurs, et surtout la grande quantité de fer qu'elle tient en dissolution, font de cette source ferrugineuse une des plus puissantes et des plus actives. Aussi, il faut en convenir, sa réputation semble-t-elle se relever de la défaveur imméritée qui pesait sur elle.

D'ailleurs, parmi les raisons qui pouvaient expliquer, jusqu'à un certain point, l'indifférence des baigneurs, et que j'ai citées, en partie, au commencement de ce mémoire, on n'en distingue aucune qui paraisse véritablement sérieuse. On peut en juger par celle qui, je crois, exerce encore la plus mauvaise influence, et que j'aurais voulu taire, car elle est en réalité la plus futile de toutes ; je veux dire la proximité de la ville de Lyon. Quelque puéril que semble un tel motif, on ne saurait contester sa valeur. C'est à son action, en effet, que la plupart des malades cèdent à leur insu ; car, en cherchant un remède à leurs maux, ils veulent, véritables écoliers en vacances, rompre avec la monotonie de leurs habitudes, se créer des sensations nouvelles, et changer complètement la nature de leurs relations et de leurs plaisirs. Charbonnières est trop près pour les Lyonnais ; l'air natal y pèse de tout son poids, et gêne la liberté après laquelle on soupire, et qu'on espère trouver ailleurs. Voilà, si je ne me trompe, le secret de l'indifférence que bien des personnes, et en particulier bien des dames de notre cité, éprouvent pour les eaux de Charbonnières. Quoique je n'espère de pas pouvoir la détruire entièrement, je tenais à en faire connaître les motifs, ne fût-ce que pour sauvegarder la vertu de ces eaux, et les venger des injustes reproches qui leur étaient adressés. Je dois dire cependant, pour être impartial et vrai, que, si les malades se sont montrés souvent si peu empressés, au point de placer quelquefois l'intérêt de leur santé après celui de leurs plaisirs, on n'a peut-être pas toujours fait ce qui pouvait rendre leur séjour agréable et attrayant. Ce regret, que j'exprime ici avec une grande réserve, ne touche, en aucune façon, l'administration de la source de Charbonnières. Les nombreuses améliorations, qu'elle a introduites dans l'aménagement des eaux, témoignent de sa bonne volonté. Les habitants, eux-mêmes, ne sauraient le prendre en mauvaise part. Je crois être leur interprète, en affirmant que leur vœu le plus cher est de seconder les efforts si louables du directeur de l'établissement. Ils ont, d'ailleurs, un trop grand intérêt à voir augmenter le nombre de leurs hôtes, pour ne pas les entourer de toutes les conditions, capables de leur assurer le bien-être et le confortable de la vie.

On me pardonnera ces réflexions un peu longues, en faveur du but que je me suis proposé. J'ai bravé jusqu'au reproche d'exagération, dans les efforts que j'ai faits pour démontrer, à la partie la plus rebelle des malades, les avantages précieux qu'on pouvait retirer de l'usage de ces eaux, pour les maladies si fréquentes auxquelles le sexe féminin est assujetti. Ce devoir accompli, je reviens aux conseils que j'ai promis dès le début de ce chapitre.

On peut diviser en deux catégories les malades qui suivent le traitement des eaux ferrugineuses de Charbonnières. Les uns, à l'exemple des baigneurs qui se rendent dans la plupart des établissements de ce genre, sont à demeure dans le village, où ils séjournent environ un mois, et se soumettent avec régularité aux prescriptions médicamenteuses et hygiéniques, qui sont réglées par le médecin.

Les autres, qu'on devrait désigner sous le nom de malades ambulants, se rendent tous les jours à la source, et retournent à la ville presqu'immédiatement. Ces voyages quotidiens, qui s'exécutent facilement, grâce à la proximité de l'endroit, ainsi qu'à la multiplicité et au prix peu élevé des moyens de transport, sont beaucoup plus nuisibles qu'on ne pense. A peine arrivés à Charbonnières, ces malades, fatigués d'une course faite dans des omnibus, où ils sont pressés, mal à l'aise, et exposés, pendant une heure et demie, aux rayons d'un soleil ardent, se rendent presqu'aussitôt à l'établissement, et boivent, plus ou moins rapidement, cinq à six verres de cette eau minérale qui est très froide. Quelques uns se font immédiatement préparer un bain ferrugineux, dans lequel ils se mettent, sans avoir eu le temps de se débarrasser de la sueur contractée pendant la route. Au sortir du bain, ils boivent encore quelques verres d'eau, et reprennent le chemin de la ville, pour se livrer à leurs occupations habituelles.

En vérité, on a peine à comprendre le bien que peuvent opérer les eaux minérales, prises dans de telles conditions. Pour ma part, je suis convaincu que l'efficacité d'un semblable traitement est presque nulle, pour ne rien dire de plus. C'est une erreur de croire que l'action médicatrice consiste dans le seul fait de prendre les eaux en boisson ou en bains. Pour que cette action s'exerce d'une manière utile et fructueuse, il est indispensable qu'elle soit liée à un ensemble de mesures hygiéniques, suivies avec exactitude et ponctualité. Ces mesures se composent elles-mêmes d'un régime approprié au tempérament du sujet, et au genre de maladie, d'alternatives d'exercice et de repos, distribuées avec intelligence, de l'action bienfaisante de l'air et du climat, qui s'harmonise naturellement avec les propriétés minérales, enfin de distractions agréables qui reposent l'esprit et le corps, soustraits, pendant quelque temps, à l'influence des travaux habituels.

Il est aisé de comprendre que cette manière de prendre les eaux ne doit modifier que bien faiblement la santé des malades. Aussi on ne saurait trop insister, pour leur faire sentir l'importance d'un séjour plus ou moins prolongé dans le lieu même où se trouve la source minérale.

Je désignerai une autre habitude plus déplorable

encore, et malheureusement trop répandue dans une certaine classe. Un grand nombre de malades, ne consultant que leur caprice, se décident d'eux-mêmes à suivre le traitement des eaux de Charbonnières, et sans consulter les médecins qui, il faut bien le dire, ont seuls qualité pour poser les indications à remplir dans les divers états morbides. Cette conduite peut avoir des conséquences funestes à plus d'un titre. D'abord, elle expose les malades à prendre ces eaux minérales pour des affections qui réclament une médication toute différente ; d'où résulte une aggravation de tous les symptômes, ce qui peut donner lieu, plus tard, au développement des lésions organiques, très difficiles à guérir. En second lieu, comme il importe, dans la marche des m aladies, de proportionner les doses et les qualités des médicaments à la nature particulière et à l'intensité variable des éléments pathologiques, l'administration inintelligente de cette eau empêchera son action thérapeutique, et privera les organes du bénéfice de la médication prise en temps opportun. Ces conditions d'opportunité ont cependant une très grande importance sur le succès du traitement ; elles doivent être réglées d'après les changements si mobiles qui surviennent dans le cours des maladies. Aussi, elles méritent toute l'attention du médecin, et ne peuvent, en aucun cas, être appréciées par le malade lui-même.

Nulle part, comme à Charbonnières, on ne trouve autant de baigneurs qui commettent la coupable imprudence de se traiter eux-mêmes, abandonnant ainsi aux caprices du hasard, et par une inconséquence inexplicable, le soin de leur santé, pour laquelle, du reste, ils seraient décidés à faire les plus grands sacrifices. Cette imprudence qui, tant de fois déjà, a été punie par de cruelles méprises, pouvait s'expliquer par le peu de vertu qu'on accordait aux eaux de Charbonnières. Il est temps, enfin, que le public revienne de cette erreur. Leur activité bien reconnue l'oblige désormais à plus de circonspection.

Il est une autre habitude, contre laquelle je dois m'élever ici dans l'intérêt des malades. Elle est relative au régime généralement suivi dans la plupart des hôtels. Depuis très longtemps, sous le prétexte spécieux que l'eau ferrugineuse stimule l'estomac, et provoque l'appétit, les baigneurs font trois repas copieux dans la journée : à neuf heures du matin, à une heure et à sept heures du soir. Cette coutume est mauvaise, en ce que, les malades, n'étant pas habitués, même dans l'état de santé, à prendre une aussi grande quantité d'aliments, l'estomac, ainsi surchargé, ne peut supporter qu'avec peine le degré d'excitation nécessaire à l'élaboration et à l'assimilation des substances nutritives. Cette stimulation trop active, jointe à celle déjà produite par l'action ferrugineuse, donne fréquemment lieu à des digestions longues et pénibles et peut même déterminer l'irritation de cet organe. J'ai eu plusieurs fois occasion d'observer les fâcheuses conséquences de cet état de choses. Le repas du soir me paraît surtout dangereux pour les malades ; et je me félicite d'avoir contribué au renoncement de cette méthode dans deux des principaux hôtels, où l'on a adopté la mesure plus saine et plus hygiénique de deux repas, pris à dix heures du matin et à cinq heures du soir. Pendant le temps qui s'écoule depuis ce dernier repas, jusqu'au moment du coucher, qui doit avoir lieu vers les neuf heures, la digestion a tout le temps de s'accomplir, et le sommeil ne risque pas d'être troublé par l'état de plénitude de l'estomac. Il est impossible, du reste, d'indiquer, d'une manière générale, les bases du régime qu'il convient de suivre. Ceci est l'œuvre du médecin, qui doit en régler les conditions, suivant la nature des maladies particulières, et l'état des organes intestinaux.

L'aménagement des eaux de Charbonnières permet de les administrer sous plusieurs formes. Ainsi on peut les prendre en boissons, en bains généraux et locaux, et en douches.

Le moment le plus convenable pour boire l'eau minérale est le matin à jeun, entre six et neuf heures : et l'après midi dans l'intervalle des deux repas. L'estomac jouit alors de toute son activité digestive. On doit la prendre à la source même, et sans lui donner le temps de séjourner dans le verre ; car laissée au repos, pendant quelques instants seulement, elle subit une légère altération par le dégagement presque instantané de l'acide sulfhydrique. On ne se doute pas de la différence d'action qui existe entre l'eau, prise dans l'établissement au moment où elle s'échappe du robinet, et celle qui est bue quelques heures après, lorsquelle a été recueillie et conservée dans des bouteilles. Cet espace de temps suffit pour opérer sa décomposition, et déterminer la chute et le dépôt d'une partie du protoxide de fer.

Les bains ferrugineux, quoique doués d'une activité moins énergique que l'ingestion elle-même de l'eau, produisent cependant une excitation générale très marquée sur toute l'économie. Ils sont spécialement utiles dans les maladies cutanées. On les compose avec l'eau ordinaire chauffée, à laquelle on ajoute une quantité d'eau ferrugineuse froide, suffisante pour que le bain présente une température convenable. De cette manière la décomposition est moins rapide. Ces bains sont éminemment toniques et fortifiants. Des dispositions récentes permettent de donner trente bains à la fois.

Les douches, qu'on prend dans l'établissement, sont de plusieurs sortes : chaudes et froides, ascendantes et descendantes. Les douches froides, dont l'efficacité est si manifeste dans certaines maladies, sont entièrement composées avec l'eau ferrugineuse; aussi leur action est-elle très énergique.

FIN.

TABLE DES MATIÈRES.

FIN DE LA TABLE.